普通高等院校计算机基础教育“十四五”系列教材

U0800280

大学计算机实践指导

（Python版）

孙 伟 侯 洁◎主 编
杨文万 王红梅 连 宏◎副主编

中国铁道出版社有限公司
CHINA RAILWAY PUBLISHING HOUSE CO., LTD.

内 容 简 介

本书是与“医学数据计算机处理”课程相配套的实践教程，提供了与理论课教材相配套的知识点、实践习题、参考答案等多种内容和资源。本书共包含16个实验，涵盖了计算机基本组成、程序设计基本方法、文件处理方法、系统内置库和第三方库等多方面内容。

本书以知识点作为起点，通过基础实验、程序改错实验、补全程序实验和能力拓展实验等多种实验方法，带领学习者由浅入深、循序渐进地增强编程能力，并在学习中不断提升编程素养；选用了很多医学实例，让学习者能够高效地利用Python语言对多类型医学数据进行处理；还选用了一些与中华优秀传统文化相关的实例，使学习者在学习的过程中不断加深对中华文化的理解。

本书适合作为医学类高等院校大学计算机基础、Python程序设计等课程的实践教材或参考书，也适合作为广大计算机爱好者的自学参考书。

图书在版编目（CIP）数据

大学计算机实践指导 ：Python版 / 孙伟，侯洁主编. 北京 ：中国铁道出版社有限公司，2025. 6. --（普通高等院校计算机基础教育“十四五”系列教材）. -- ISBN 978-7-113-32196-3

Ⅰ. TP312.8

中国国家版本馆CIP数据核字第2025AT8006号

书　　名：大学计算机实践指导（Python版）
作　　者：孙　伟　侯　洁

策　　划：王　阳　　　　　　　　**编辑部电话：**（010）63549508
责任编辑：陆慧萍　闫钇汛
封面设计：刘　颖
责任校对：安海燕
责任印制：赵星辰

出版发行：中国铁道出版社有限公司（100054，北京市西城区右安门西街8号）
网　　址：https://www.tdpress.com/51eds
印　　刷：河北京平诚乾印刷有限公司
版　　次：2025年6月第1版　2025年6月第1次印刷
开　　本：787 mm×1 092 mm 1/16　**印张：**15.5　**字数：**466千
书　　号：ISBN 978-7-113-32196-3
定　　价：49.00元

前　言

近年来，大学计算机基础类课程改革如火如荼，其中融合大学计算机基础“宽专融”课程体系中的第一层次（基础性课程）和第二层次（专业性课程）是一个重要的改革方向。融合后的课程将从计算机基础、计算机操作与程序设计三方面出发，帮助学生掌握计算机基础知识，培养学生的计算机操作应用能力，引导学生掌握程序设计的基本方法，了解从问题分析到程序维护整套程序设计流程，具备利用 Python 程序设计语言解决各类实际问题的开发能力，进而提升计算思维能力。

本书共 16 个实验，分为三部分。第一部分（实验 1 和实验 2）为计算机基础知识，内容涵盖计算机系统的构成、工作原理、基本操作和如何下载并安装 Python 软件等；第二部分（实验 3~ 实验 12）为 Python 语言基础，这 10 个实验涵盖 Python 语言的常用数据类型、分支和循环、函数、内置库等，这一部分也是本书的重点和难点；第三部分（实验 13~ 实验 16）为 Python 语言应用，这 4 个实验涵盖文件、jieba 第三方库等，是本书的综合运用和提高部分。

每个实验包括实验目的、知识巩固和实验内容三部分。实验目的指明本次实验的目的和要求；知识巩固涵盖本次实验所需的全部知识点；实验内容以实例的方式指导学生对知识点有更深刻的理解。其中，实验内容又包含四个层次：第一个层次是基础实验，这个层次属于验证性实验；第二个层次是程序改错实验，这个层次可以让学习者在辨析并练习改正错误的过程中提高编程能力；第三个层次是补全程序实验，这个层次让学习者按题意要求补全部分语句，为下一步全面编程奠定基础；第四个层次是能力拓展实验，这个层次让学习者思考问题、设计实现逻辑和编写代码，可以有效提高学习者的实践动手能力和创新能力。建议学习者利用 4~8 学时完成每个实验。

本书实例众多，内容丰富，具有可读性强和适用性强的特点。实例由编者从长期医学计算机基础课程教学中总结而来，通过程序设计与医学相关知识的联系帮助读者理解计算机的医学应用；同时将中华优秀传统文化融入实例中，坚持育人和育才相统一。通过对本书的学习，学习者不但可以循序渐进地掌握 Python 语言的各种知识，而且能够对现实中的医学数据进行分析和处理，不断提升自己分析问题和解决问题的能力，提高综合素质。

本书由孙伟、侯洁、杨文万、王红梅、连宏共同编写，其中实验 1、实验 2、实验 5 和实验 10 由侯洁编写；实验 3、实验 4、实验 6、实验 12、实验 13 和实验 15 由孙伟编写；实验 7 和实验 8 由连宏编写；实验 9 和实验 11 由杨文万编写；实验 14 和实验 16 由王红梅编写。全书的审核由石鸥燕完成。

本书得到全国高等院校计算机基础教育研究会课题“《大学计算机实习教材》新形态一体化教材建设”（2024-AFCEC-116）项目的支持。在编写过程中，编者得到了天津师范大学徐延章教授和天津医科大学强兆艳教授的指导和帮助，在此表示衷心的感谢。另外，编写过程中还参考了大量文献资料，在此向这些文献资料的编者表示感谢。

由于编者水平有限，加之时间仓促，书中不足之处在所难免，敬请读者和同行批评指正。编者的电子邮箱是 sunweikevin@126.com。

编　者

2025 年 2 月

目 录

实验 1 计算机基本组成

1.1 实验目的

1. 掌握计算机的概念。
2. 掌握计算机系统组成。
3. 掌握计算思维的定义及本质。
4. 熟悉文件的建立、复制、搜索等基本操作。
5. 熟悉计算机软件的下载、安装和卸载。
6. 了解cmd命令的基本使用。

1.2 知识巩固

1. 计算机的概念

（1）具体内容：计算机的概念、摩尔定律、计算机发展的时代性。

（2）详细说明：

① 计算机概念：计算机是根据指令操作数据的设备，具备功能性和可编程性两个基本特性。

② 摩尔定律：单位面积集成电路上可容纳晶体管的数量约每两年翻一倍。

③ 计算机发展的时代性：

• 第一阶段：1946—1969年为“计算机系统结构阶段”。这个阶段始于1946年，以全球首台数字计算机ENIAC的诞生为标志。

• 第二阶段：1969—1991年为“计算机网络与视窗阶段”。1969年ARPANET首个节点运行，形成了早期的计算机网络。

• 第三阶段：1991—2012年为“复杂信息系统阶段”。1991年，万维网开放，Linux开源系统诞生，计算机网络随之迅速扩展到了金融和商业部门。

• 第四阶段：2012年至今为“人工智能阶段”。2012年，深度卷积神经网络AlexNet 模型在图像分类比赛中取得突破，开启深度学习时代，此后深度学习成为主流技术，在计算机视觉、语音识别、自然语言处理等多领域广泛应用。2017年，Transformer 架构出现，推动大规模预训练模型发展。之后，生成式人工智能如ChatGPT、DeepSeek等不断涌现，人工智能在各行业应用日益广泛。

2. 计算机系统组成

具体内容：计算机系统组成包括硬件系统和软件系统，详见图1-1。

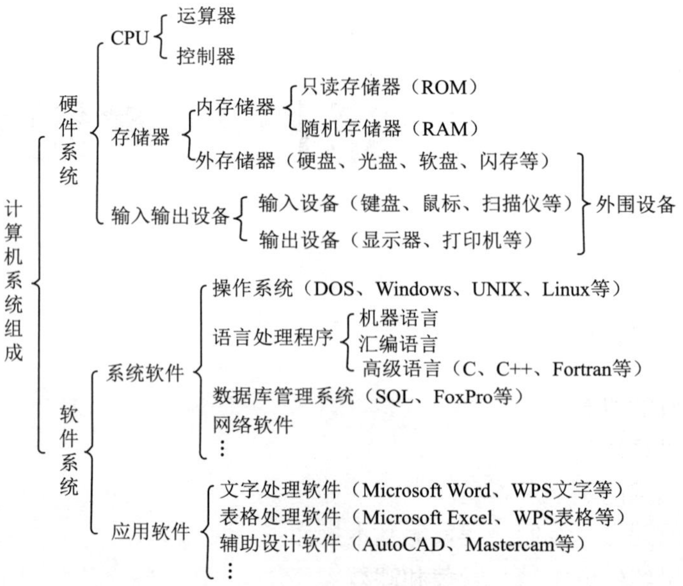

图 1-1　微型计算机系统组成

3. 计算机硬件系统

（1）具体内容：五大核心部件和总线。

（2）详细说明：

① 硬件系统组成：硬件系统包括运算器、控制器、存储器、输入设备、输出设备，如图1-2所示。

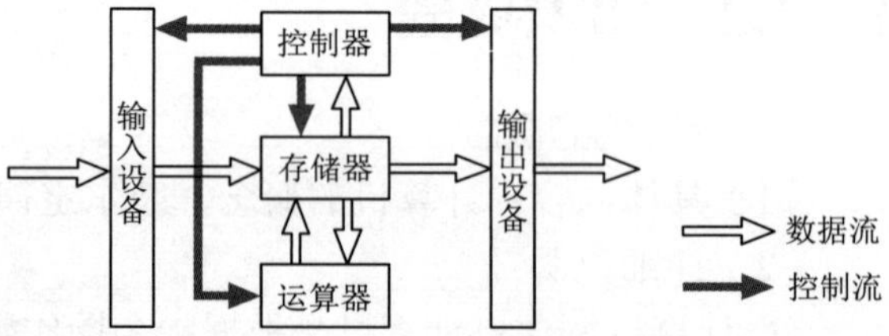

图 1-2　硬件系统

② 总线：总线是计算机各种功能部件之间传送信息的公共通信干线，它是由导线组成的传输线束，按照计算机所传输的信息种类，计算机的总线可以划分为数据总线、地址总线和控制总线，分别用来传输数据、数据地址和控制信号，由相应的寄存器存储相应的信息，如图1-3所示。

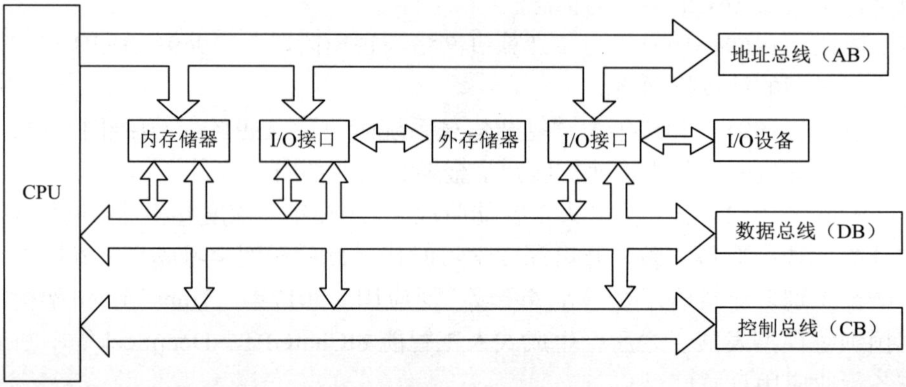

图 1-3　总线

4. 计算机软件系统

（1）具体内容：计算机软件系统的分类、操作系统的定义及功能，以及目前流行的操作系统。

（2）详细说明：

① 计算机软件系统是程序及相关文档、数据的集合。包括系统软件和应用软件。

② 操作系统是计算机系统中最底层的软件，控制所有在计算机中运行的程序，管理整个计算机资源，存储和调度所有数据，它是计算机硬件与应用程序及用户之间的桥梁。

③ 目前流行的操作系统有Windows、Unix、Linux、Mac OS、Android、iOS、AIX和z/OS等。

④ 我国自主研发的操作系统有麒麟、鸿蒙。

5. 知识点：计算思维

（1）具体内容：计算思维的定义及本质。

（2）详细说明：

① 计算思维是运用计算机科学的基础概念进行问题求解、系统设计，以及人类行为理解等涵盖计算机科学之广度的一系列思维活动。

② 计算思维的本质是抽象（abstraction）和自动化（automation）。

③ 计算思维是人类科学思维活动的重要组成部分，与逻辑思维和实证思维同等重要。

1.3 实验内容

基础实验

实验1-1：文件及文件夹的基本操作

【实验要求】

熟练掌握Windows文件及文件夹操作方法。

【实验步骤】

1. 新建文件及文件夹

（1）熟悉“计算机”窗口：文件和文件夹的管理可通过“计算机”或“资源管理器”实现，“计算机”窗口如图1-4所示。从上到下依次为地址栏、搜索框、菜单栏、工具栏、导航窗格。

① 地址栏：可以查看当前操作的盘符和文件夹。

② 搜索框：可以通过输入文件夹或文件名快速搜索。

③ 菜单栏：可以进行新建、复制、查看文件、获取帮助。

④ 工具栏：可以通过进行“新建文件夹”等便捷操作。

⑤ 导航窗格：以树形结构显示本台计算机中的资源。

（2）新建文件及文件夹：在“计算机”左侧窗口选择建立文件夹的盘符，如“D”盘，成为当前盘。使用菜单栏中“文件”→“新建”→“文件夹”，或使用工具栏“新建文件夹”选项卡；或在文件夹窗口工作区空白处右击，在弹出的快捷菜单中选择“新建”→“文件夹”命令。右侧窗口出现新的文件夹图标，如图1-5所示，在“新建文件夹”

名称文本框中直接输入文件夹名，如“Python程序设计”，则创建了一个“Python程序设计”文件夹。

使用同样方法，在新建的文件夹下建立两个子文件夹，分别命名为“理论课程”“实习课程”。

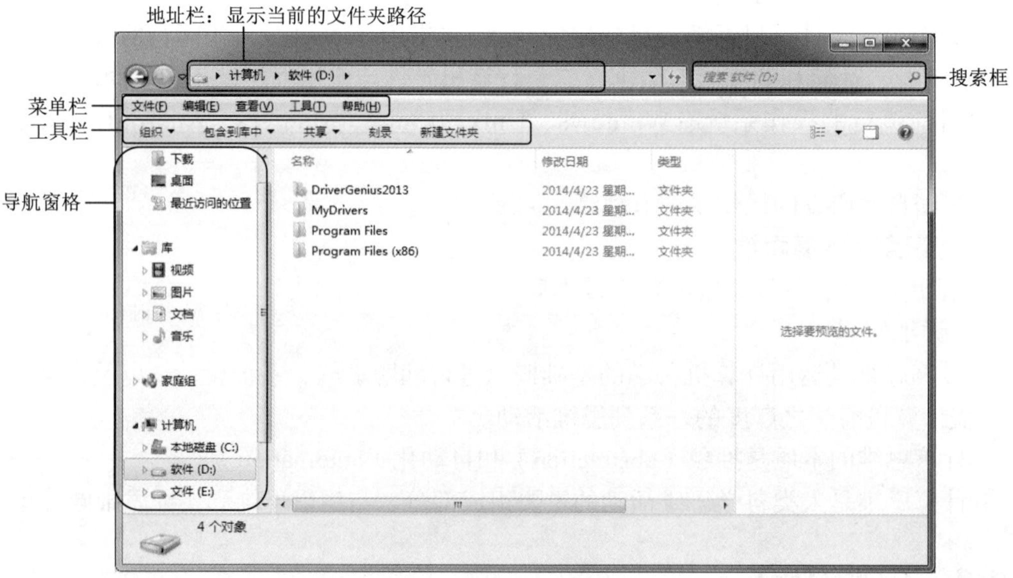

图 1-4 “计算机”窗口

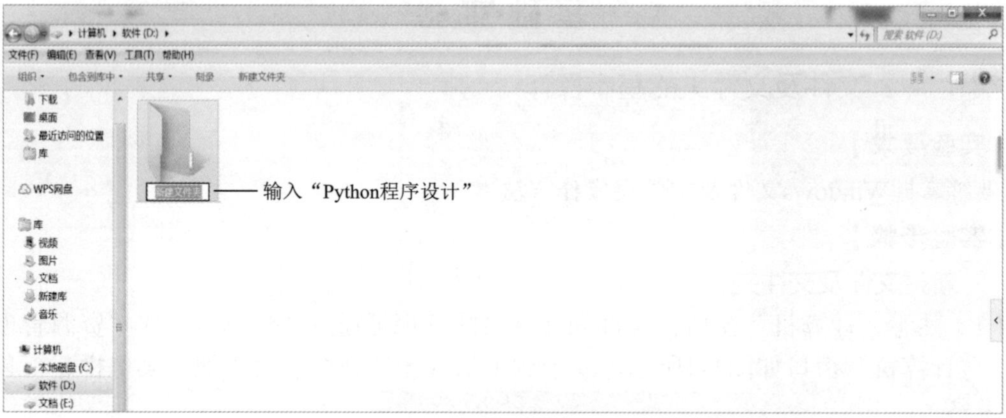

图 1-5 新建文件夹

在“实习课程”文件夹中分别新建一个命名为“实习演示”的“Microsoft PowerPoint”演示文稿（.pptx），以及命名为“练习题”的“Microsoft Word”文档（.docx）。实验步骤：在窗口空白处右击，在弹出的快捷菜单中选择“新建”→“Microsoft PowerPoint演示文稿”/“Microsoft Word文档”命令，如图1-6所示。

（3）重命名：在文件名称文本框中输入文件名称“实习演示”或“练习题”。

Windows中的文件夹是以树状结构组织的。每个逻辑盘中有一个根目录，每个目录下包括若干个文件夹及若干个文件。每个文件或每个文件夹只有一个上级目录，所以有唯一的路径。本实验在D盘建立了图1-7所示的文件夹树状结构。

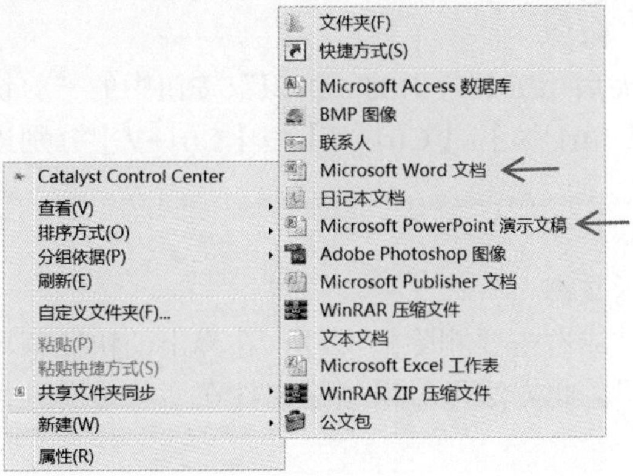

图 1-6 新建文件

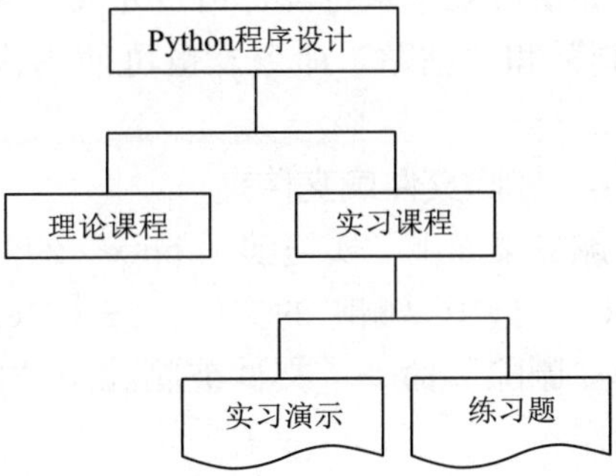

图 1-7 文件夹树状结构

2. 选择文件及文件夹

（1）选择单个文件：单击要选择的文件。

（2）选择一组连续排列的文件：单击第一个文件，按住【Shift】键，单击最后一个文件并释放【Shift】键。

（3）选择不连续排列的多个文件：按住【Ctrl】键，逐个单击要选择的文件。

（4）选择全部文件：单击菜单栏中“编辑”→“全选”命令，或通过工具栏中的“组织”工具，选择“全选”命令，或利用快捷键【Ctrl+A】。

（5）取消选定的文件：按住【Ctrl】键单击单个选定的文件；单击空白处可全部取消。

注： 文件夹的选择方法与文件相同。

3. 移动与复制文件及文件夹

（1）移动不同逻辑盘上的文件夹：将“D:\Python程序设计\实习课程”文件夹中的“实习演示.pptx”幻灯片演示文稿移动至桌面。

方法：选择要移动的文件，按住【Shift】键用鼠标拖动所选内容至目标位置。

（2）移动同一逻辑盘上的文件夹：将“D:\Python程序设计\实习课程”文件夹中的“练习题.docx”移动至D盘根目录。

方法：在同一逻辑盘上的文件夹之间移动，不需按【Shift】键，直接用鼠标拖动所选内容至目标位置。

练习：打开“D:\Python程序设计\实习课程”文件夹及D盘根目录两个窗口，按照上述方法进行文件移动。

（3）复制不同逻辑盘上的文件夹：将桌面上的“实习演示.pptx”幻灯片演示文稿复制到“D:\Python程序设计\实习课程”文件夹。

方法：在“桌面上”选择要复制的文件，用鼠标拖动所选内容至目标位置。

（4）复制同一逻辑盘上的文件夹，将D盘根目录中的“练习题.docx”文件复制到“D:\Python程序设计\实习课程”文件夹中。

方法：在同一逻辑磁盘中的文件夹之间的复制操作，需要按住【Ctrl】键，再用鼠标拖动所选内容至目标位置。

（5）剪切与粘贴。

方法：选定要移动的文件，在“编辑”菜单中选择“剪切”或“复制”命令，单击目标文件夹，再单击“编辑”菜单中的“粘贴”命令。

如窗口菜单未打开，可选定文件或文件夹后用工具栏中的“组织”按钮中的“剪切”、“复制”和“粘贴”命令。也可使用快捷键【Ctrl+X】/【Ctrl+C】→【Ctrl+V】分别进行操作。

4. 删除文件或文件夹

删除桌面上“实习演示.pptx”幻灯片演示文稿。

（1）选中要删除的文件，按【Delete】键或右击要删除的文件，在弹出的快捷菜单中选择“删除”命令，文件被删除至“回收站”。此方法可对误删除文件在回收站中进行恢复操作。

（2）选中要删除的文件，按住【Shift】键，再按【Delete】键或右击要删除的文件，按住【Shift】键后，选择快捷菜单中的“删除”命令，文件将被彻底删除（不推荐此方法）。

5. 文件和文件夹的重命名

给“D:\Python程序设计\实习课程”文件夹或其中的文件改名。有以下几种方法：

（1）方法一：单击选中文件或文件夹图标；再单击该文件或文件夹名。

（2）方法二：右击文件或文件夹图标，利用快捷菜单中的“重命名”命令。

（3）方法三：利用资源管理器窗口中“组织”按钮下的“重命名”命令。

（4）方法四：选中对象，按【F2】键。

此时文件或文件夹名被加上边框并进入可编辑状态；输入文件夹或文件新的名字；按【Enter】键或单击边框外的任何地方。

6. 显示和修改设置文件或文件夹属性

在“Python程序设计”文件夹上右击，在弹出的快捷菜单中选择“属性”命令，打开“Python程序设计 属性”对话框，如图1-8所示。

（1）“常规”选项卡显示文件的类型、位置、大小等信息。

（2）设置文件或文件夹为只读属性，以实现文件或文件夹的读写保护。

（3）设置文件的“隐藏”属性，可以保护重要的系统文件。

在“Python程序设计 属性”对话框中勾选“隐藏”复选框。此时文件夹图标变为浅色图标。打开计算机的“工具”菜单，选择“文件夹选项”命令，打开其对话框，选择“查看”标签，勾选“不显示隐藏的文件、文件夹或驱动器”复选框，如图1-9所示。

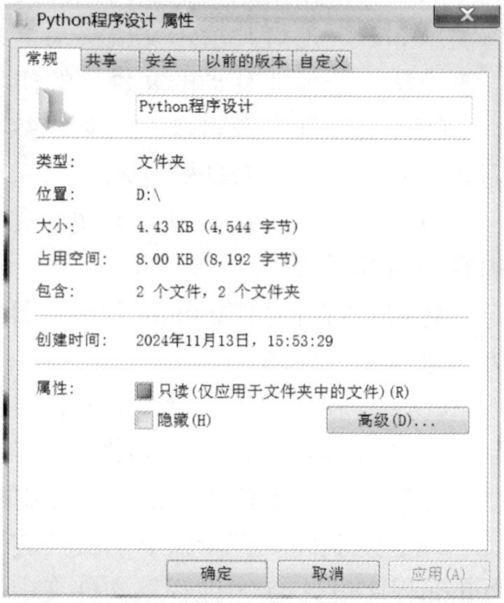

图 1-8 “Python 程序设计 属性”对话框

7. 文件或文件夹搜索

利用资源管理器的搜索框可进行文件和文件夹等的查找，如图1-4所示的搜索框。文件名中可使用通配符“*”（代表任意多个字符）和“？”（代表一个任意字符）。也可用“开始”菜单下的“搜索”框搜索程序和文件，如图1-10所示。

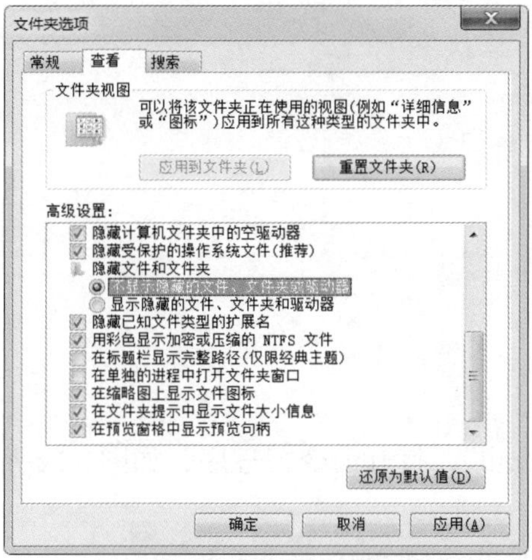

图 1-9 “文件夹选项”对话框

图 1-10 开始菜单

实验1-2：计算机软件的下载、安装和卸载

【实验要求】

掌握计算机常用软件的下载、安装和卸载方法。

【实验步骤】

1. 下载安装

在官方网站或其他可信赖的网站上下载软件安装包，双击安装包进行安装。同样地，在安装过程中需要按照提示进行设置，如选择安装路径、语言等选项。练习见实验2-1。

2. 软件卸载

当不再需要某个软件或软件出现问题时，需要进行软件的卸载。软件卸载可以通过控制面板卸载：单击“开始”菜单→“控制面板”→“程序和功能”选项→右击要卸载的软件，单击“卸载”按钮即可，如图1-11所示。

在卸载过程中可能会出现确认提示对话框，单击“是”按钮继续进行卸载。

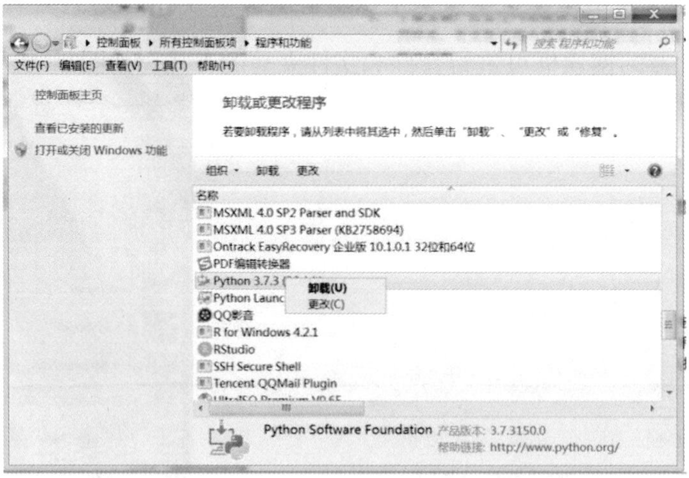

图 1-11　软件卸载

实验1-3：cmd命令的基本使用

【实验要求】

掌握cmd命令的基本使用方法。

【实验步骤】

在“开始”菜单下的“搜索”框中输入“cmd”，打开命令行程序，如图1-12所示。

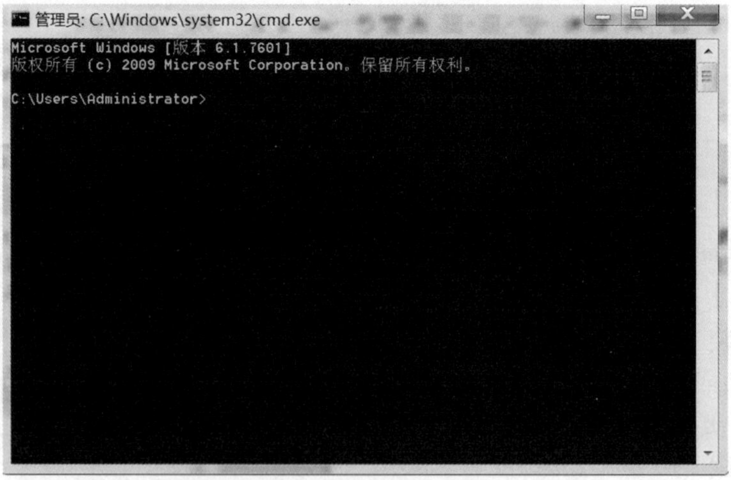

图 1-12　命令行程序

1. 进入文件所在目录——cd 命令

（1）语法：cd [选项][目录或文件]。

（2）功能：进入某个盘符或者文件。

（3）练习：利用命令提示符进入“理论课程”文件夹。

① 在命令提示符下输入“D:”，再按【Enter】键，进入D盘。

② 输入“cd Python程序设计\理论课程”，进入“理论课程”文件夹。

2. 遍历当前路径下所有文件——dir 命令

显示当前目录及子文件，并显示文件大小、个数。

练习：利用命令提示符显示“实习课程”文件夹。

① 在命令提示符下输入“D:”，再按【Enter】键，进入D盘。

② 输入“cd Python程序设计\实习课程”，进入“实习课程”文件夹。

③ 输入“dir”，显示“实习课程”文件夹中的内容，如图1-13所示。

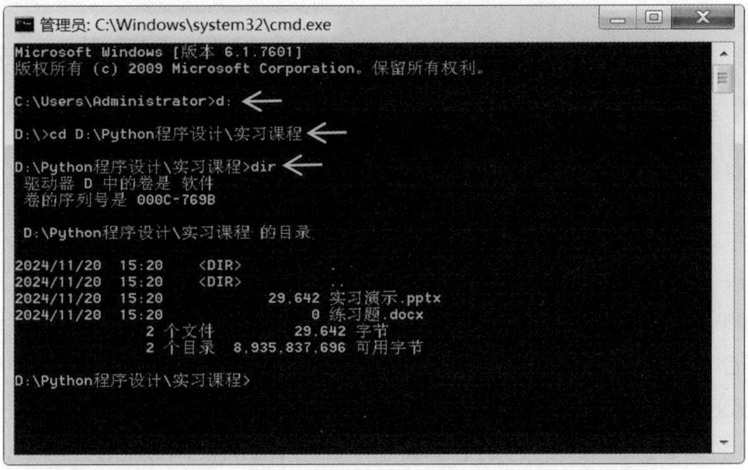

图 1-13　利用 dir 命令显示“实习课程”文件夹中的内容

3. 使用 cmd 进行 pip 操作

（1）查看pip版本：pip--version。

（2）提示：运行该命令后，若显示“'pip'不是内部或外部命令，也不是可运行的程序或批处理文件”，请检查Python的安装路径是否正确配置在环境变量中。

（3）查看Python已安装的包：pip list。

（4）安装指定的Python包：pip install 安装包名。

（5）练习安装jieba库：pip install jieba。

（6）卸载Python包：pip uninstall要卸载的包名。

注意： 当一台计算机同时有多个版本的Python的时候，用pip3命令取代pip命令可以自动区分用Python 3来安装库，可避免和Python 2发生冲突。如果你的计算机只安装了Python 3，那么不管用pip还是pip3都是一样的。

实验 2

计算机编码

2.1 实验目的

1．掌握进位计数制的基本概念。
2．掌握二进制的算术运算和逻辑运算。
3．掌握进制转换计算。
4．掌握ASCII码、汉字编码。
5．熟悉Unicode编码、UTF-8编码的用途及编码规则。
6．熟悉IDLE的下载、安装及系统环境变量（工作路径）的设置方法。
7．掌握IDLE环境的设置和基本应用实验。

2.2 知识巩固

1．进位计数制的基本概念

（1）具体内容：基数、数码和权的概念，见表2-1。

（2）详细说明：

① 基数：数制中数码的个数即R。

② 数码：R进制数制中可以使用的基本符号。

③ 权：数制中每一固定位置对应的单位值。

表 2-1　进位计数制

进　制	基　数	数　码	第 n 位的权	进位原则
二进制	$R=2$(B)	0 和 1	2^x（整数 $x=n-1$ 或小数 $x=-n$）	逢二进一
十进制	$R=10$(D)	0~9	10^x（整数 $x=n-1$ 或小数 $x=-n$）	逢十进一
八进制	$R=8$(O)	0~7	8^x（整数 $x=n-1$ 或小数 $x=-n$）	逢八进一
十六进制	$R=16$(H)	0~9，A~F	16^x（整数 $x=n-1$ 或小数 $x=-n$）	逢十六进一

2．二进制算术运算和逻辑运算

（1）具体内容：加、减、乘、除、与、或、非。

（2）详细说明：

① 算术运算规则见表2-2。

表 2-2 算术运算规则

运 算 式	运 算 式	运 算 式	运 算 式
0 + 0 = 0	0 – 0 = 0	0 × 0 = 0	0 ÷ 0 = 0
0 + 1 = 1	0 – 1 = 1 *（* 表示借位）	0 × 1 = 0	0 ÷ 1 = 0
1 + 0 = 1	1 – 0 = 1	1 × 0 = 0	1 ÷ 0 = *（* 表示无意义）
1 + 1 = 10	1 – 1 = 0	1 × 1 = 1	1 ÷ 1 = 1

② 逻辑运算规则见表2-3。

0代表“假”或False，1代表“真”或True（注：在Python语言中，数字0代表False；非0的数字都代表True）。

表 2-3 逻辑运算规则

与 运 算	或 运 算	非 运 算
0 and 0 = 0	0 or 0 = 0	not 0 = 1
0 and 1 = 0	0 or 1 = 1	
1 and 0 = 0	1 or 0 = 1	not 1 = 0
1 and 1 = 1	1 or 1 = 1	

3. 进制转换

（1）具体内容：二/八/十/十六进制之间的转换。

（2）详细说明：

① *R*进制转换为十进制。

- *R*=2，8，16。
- 将相应数按权写出展开式，再按十进制的运算法则计算即可。
- 例如：

$1101101\ B = 1 \times 2^6+1 \times 2^5+0 \times 2^4+1 \times 2^3+1 \times 2^2+0 \times 2^1+1 \times 2^0 = 109\ D$

$2A\ H = 2 \times 16^1+10 \times 16^0 = 42\ D$

$123\ O = 1 \times 8^2+2 \times 8^1+3 \times 8^0 = 83\ D$

② 十进制转换为*R*（二、八、十六）进制。

- 整数部分（除以*R*取余）和小数部分（乘*R*取整）分别转换，再拼接起来。
- 以十进制转换为二进制为例，将十进制数10.3125转换为二进制，结果为1010.0101，转换过程见表2-4。

表 2-4 十进制数 10.3125 转换为二进制

整数部分（除以 2 取余）	小数部分（乘 2 取整）
10	0.3125
10/2=5 余 0 ↑ 5/2=2 余 1 2/2=1 余 0 1/2=0 余 1 直到商为 0	0.3125 × 2=0.625 整 0 0.625 × 2=1.25 整 1 0.25 × 2=0.5 整 0 0.5 × 2=1.0 整 1 ↓ 直到小数部分为 0 或者达到一定的精度
1010	0101

③ 二/八/十六进制相互转换。

• 由于这三种进制的权之间有内在的联系，即$2^3=8$，$2^4=16$，因而每一位八进制数相当于三位二进制数；每一位十六进制数相当于四位二进制数。

• 在转换时，位组划分是以小数点为中心分别向左右两边延伸，中间的0不能省略，两头边缘的位数不够时可以补0。

• 八进制数与其二进制的对应关系见表2-5。

表 2-5 八进制与其二进制的对应关系

八进制数	0	1	2	3	4	5	6	7
二进制数	000	001	010	011	100	101	110	111

• 十六进制与其二进制的对应关系见表2-6。

表 2-6 十六进制与其二进制的对应关系

十六进制数	0	1	2	3	4	5	6	7
二进制数	0000	0001	0010	0011	0100	0101	0110	0111
十六进制数	8	9	A	B	C	D	E	F
二进制数	1000	1001	1010	1011	1100	1101	1110	1111

4. ASCII 码

（1）具体内容：ASCII码的基本概念，常用ASCII码。

（2）详细说明：

① ASCII（American standard code for information interchange，美国信息交换标准代码）是最早的字符编码标准，用于表示英文字符和一些控制字符，每个字符占用一个字节（ASCII码实际只利用字节的低7位进行编码，而最高位为0）。

② ASCII码包含大小写字符（52个）、阿拉伯数字（10个）、控制字符（34个），以及各种标点符号和运算符号（32个）。

5. 汉字编码

（1）具体内容：区位码、国标码、机内码、汉字输入编码、字形码。

（2）详细说明：

① 区位码。

• ASCII码是英文信息处理的标准编码。为了使每个汉字有一个全国统一的代码，我国国家标准总局在1980年发布了《信息交换用汉字编码字符集　基本集》（GB/T 2312—1980），并于1981年5月1日开始实施。

• 该基本集共收入6 763个汉字和682个图形字符。其中一级汉字（最常用）有3 755个，二级汉字有3 008个。

• GB 2312中对所收汉字进行了“分区”处理，将全部字符集用94行（区号）×94列（位号）二维表表示。行是“区”、列是“位”，每个字符由“区”“位”定位，其对应的“区”“位”编号合并就是该字符的区位码。注：“区”编号和“位”编号采用十进制进行编码。

② 国标码。

- 国标码是计算机之间汉字信息交换的标准编码。
- 国标码由4位十六进制数组成，其编码原则为：汉字用两个字节表示，每个字节用7位编码（最高位为0）。
- 国标码由区位码转换得到，转换方法为：先将十进制的区码和位码转换为十六进制的区码和位码，再将这个代码的第一个字节和第二个字节分别加上20H。

③ 机内码。因国标码最高位为0，与ASCII码有可能产生二义性（相同编码表示既可以表示某一汉字也可以表示英文字符），汉字的机内码采用变形国标码，其变换方法为：将国标码的每个字节都加上80H，即将两个字节的最高位都由0改1，其余7位不变。

④ 汉字输入编码（外码）。将汉字输入到计算机内（变成汉字内码）的编码。包括区位码、拼音输入编码、字形输入编码等。

⑤ 字形码。为了将汉字在显示器或打印机上输出，把汉字按图形符号设计成点阵图，就得到了相应的点阵代码（字形码）。显示一个汉字一般采用16×16点阵、24×24点阵或48×48点阵。存储一个字形码需要的字节数=点阵行数×点阵列数/8。

6. Unicode 编码和 UTF-8 编码

（1）具体内容：熟悉Unicode编码和UTF-8编码。

（2）详细说明：

① Unicode编码：是一个为了将世界上所有的系统、语言、文字纳入同一编码标准而设计的编码方案，能够表示世界上几乎所有的字符。

② UTF-8编码：是Unicode的一种实现方式，使用1～4个字节表示一个符号，根据符号的类型进行变长编码，一个英文字符用一个字节存储，一个汉字用三个字节储存。由于现代计算机系统的文本信息大多采用英文符号，所以采用UTF-8编码能够节省实际的存储空间。

2.3 实验内容

基础实验

实验2-1：IDLE的下载及安装

【实验要求】

下载并安装Python语言解释器IDLE。

【实验步骤】

1. 进入 Python 官方网站

本实验以Windows操作系统为例，具体操作如图2-1所示，单击Downloads菜单→Windows子菜单。

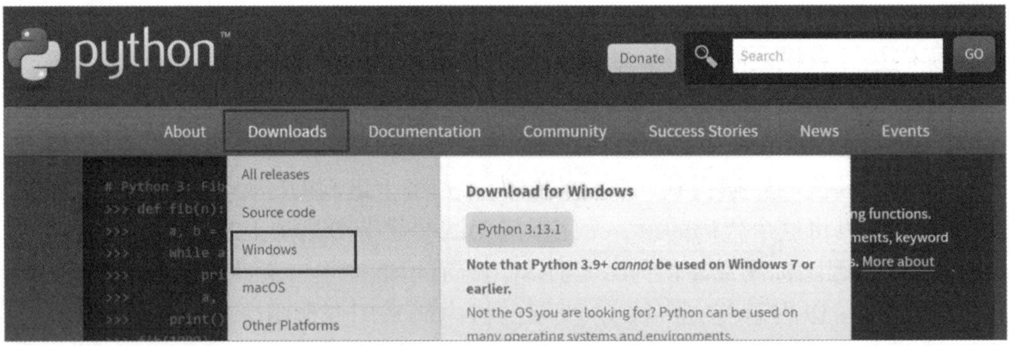

图 2-1　Python 官网界面

2. 选择 IDLE 版本

本实验以3.12.8版本为例，单击Download Windows installer(64-bit)链接，下载软件。具体操作如图2-2所示。

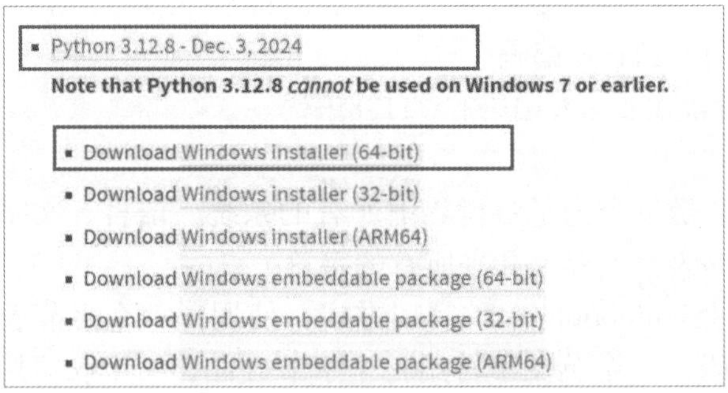

图 2-2　选择具体的安装版本

3. 安装程序

双击所下载的程序安装Python解释器，运行安装程序，启动引导过程。在该对话框中，勾选Add python.exe to PATH复选框，可无须再自行设置环境变量。单击Install Now进行软件的安装。具体操作如图2-3所示。

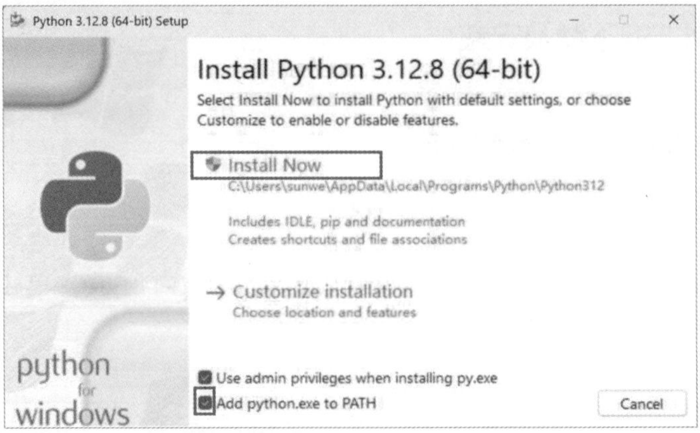

图 2-3　设置 Add python.exe to PATH

4. 安装成功

安装成功后将显示图2-4所示的成功对话框。

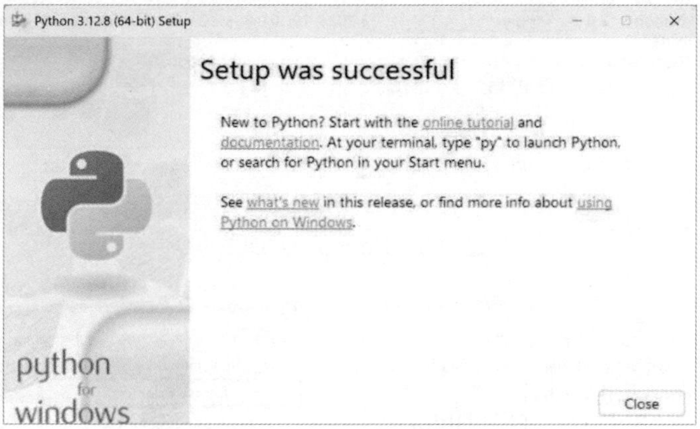

图 2-4　安装成功对话框

实验2-2：IDLE环境的设置

【实验要求】

更改IDLE环境中字体及窗口大小。

【实验步骤】

1. 启动 IDLE

在Windows操作系统的“开始”菜单中搜索关键词“IDLE”，启动IDLE程序。

2. 设置字体、字号

（1）单击Options菜单。

（2）单击Configure IDLE命令，如图2-5所示。

（3）在打开的Settings对话框中，打开Fonts选项卡，如图2-6所示。

（4）将Font Face（字体）设置为“微软雅黑”，字号（Size）设置为16，最后单击Ok按钮。

3. 设置字体高亮

（1）单击Options菜单。

（2）单击Configure IDLE命令，如图2-5所示。

（3）在打开的Settings对话框中，打开Highlights选项卡，如图2-7所示。

（4）分别设置IDLE Classic和IDLE Dark对比效果，并选择一种自己喜爱的配色。

4. 更改 IDLE 启动窗口和窗口大小

（1）单击Options菜单。

（2）单击Configure IDLE命令，如图2-5所示。

（3）在打开的Settings对话框中，打开Windows选项卡，如图2-8所示。

（4）通过设置At Startup的两个单选框，可以设定IDLE软件在打开时，是显示编辑窗口还是显示控制台窗口。

（5）通过改变窗口的宽和高，可以设置IDLE软件窗口的大小。

（6）注意：修改Shell窗口大小后，需重新启动IDLE方可生效。

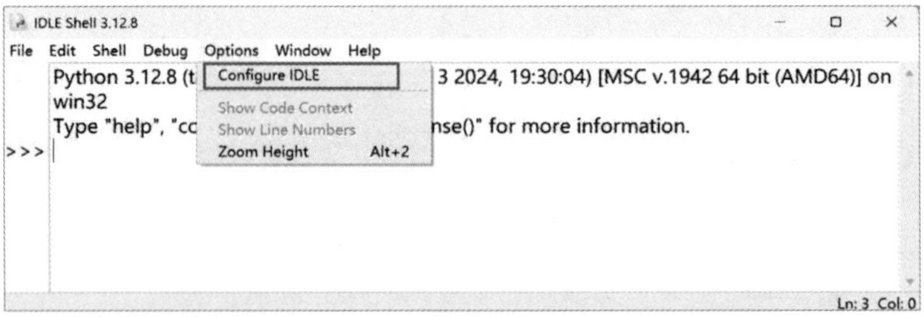

图 2-5　Configure IDLE

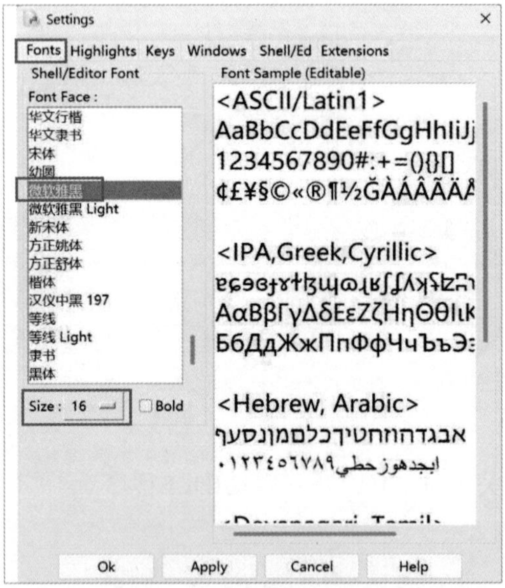

图 2-6　Fonts 选项卡

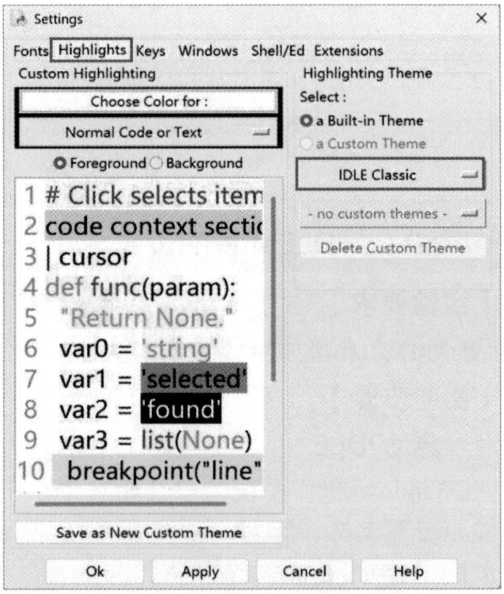

图 2-7　Highlights 选项卡

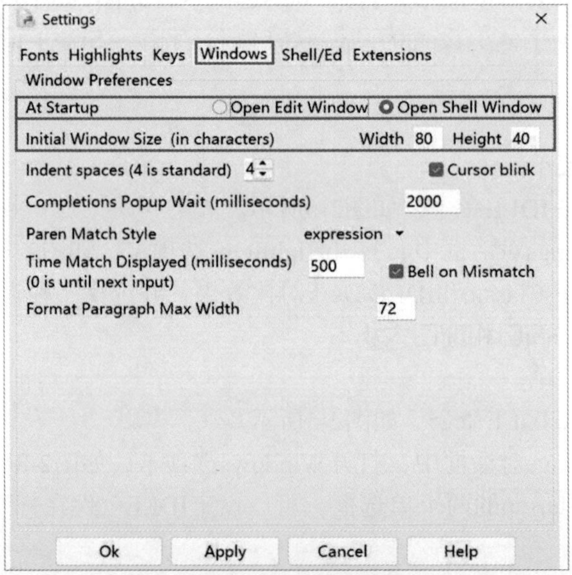

图 2-8　Windows 选项卡

实验2-3：IDLE基本应用

【实验要求】

分别利用交互式和文件式，打印输出“Hello”。

【实验步骤】

运行Python程序有两种方式：交互式和文件式。

1. 交互式

（1）启动IDLE控制台（Shell），如图2-9所示。

（2）在>>>提示符后输入print("Hello")，然后按【Enter】键运行命令。

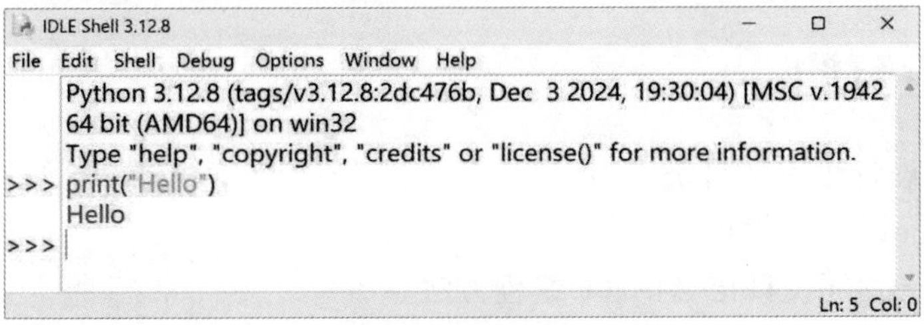

图 2-9　IDLE 控制台（Shell）

2. 文件式

（1）在D盘下新建一个文件夹，命名为EXEC02_Part2。

（2）启动IDLE软件。

（3）按快捷键【Ctrl+N】或者单击File→New File命令新建一个脚本文件。

（4）输入print("Hello")，如图2-10所示。

（5）按快捷键【Ctrl+S】或者单击File→Save命令，将程序保存在“D:\EXEC02_Part2”文件夹下，并命名为“EXEC02_jichu01.py”文件。

（6）按快捷键【F5】或在菜单中单击Run→Run Module命令运行该文件。

（7）结果会显示在控制台中，如图2-11所示。

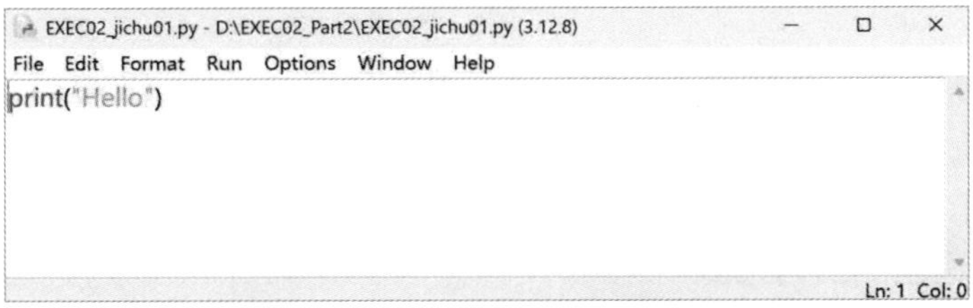

图 2-10　Python 脚本编辑窗口

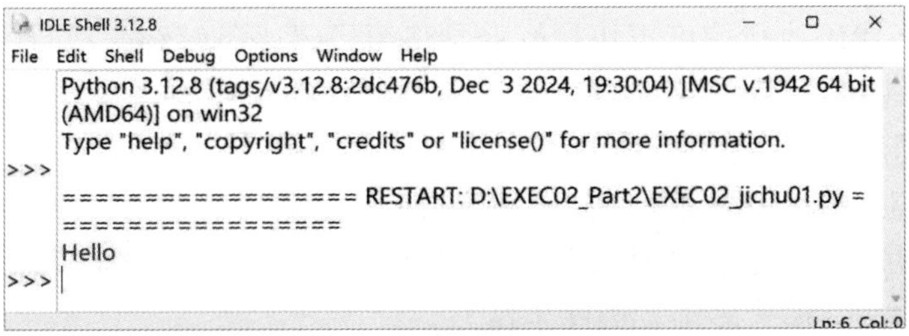

图 2-11　结果显示在控制台中

实验 3

程序设计基本方法

3.1 实验目的

1. 熟悉程序设计语言的分类。
2. 熟悉Python语言的优点。
3. 掌握Python程序设计语言的IPO编程方法。
4. 掌握input()函数、print()函数、eval()函数的使用方法。
5. 掌握字符串索引操作。

3.2 知识巩固

1. 程序设计语言分类

（1）具体内容：程序设计语言包括机器语言、汇编语言和高级语言。

（2）详细说明：

① 机器语言是由0、1序列组成的二进制语言，可以被电子计算机直接执行。

② 汇编语言通过使用助记符来替代二进制指令，使编写计算机程序的效率有所提高；但汇编语言的程序不能被计算机直接执行，需要经过汇编等处理并转变为机器语言后，计算机才可执行。

③ 高级语言更接近自然语言，使程序编写者更加容易地编写计算机的程序。同样，计算机也不能直接执行由高级语言编写的程序，该程序必须经过编译或解释等处理并最终变为机器语言后，计算机才可以执行。常见的高级语言有C语言、Java语言、Python语言等。

2. 程序设计语言的执行方式

（1）具体内容：高级语言编写的程序执行方式分为编译和解释两种方式。

（2）详细说明：编译是将由高级语言编写的源代码转换成等价的机器语言目标代码的过程，产生的目标代码执行速度更快；解释是将源代码逐条解释并执行的过程，可移植性好。Python语言采用解释型执行方式。

3. Python 语言的特点

（1）具体内容：Python语言是一门日益流行的编程语言，具有很多独特之处。

（2）详细说明：其特点是语法简洁、与平台无关、黏性扩展、开源理念、通用灵活、强制可读、支持中文、模式多样、类库丰富。

4. 运行 Python 程序的方式

（1）具体内容：运行Python程序有两种方式，分别为交互式和文件式。

（2）详细说明：

① 交互式是指Python解释器即时执行用户输入的每一条代码，用户常在IDLE的控制台中采用交互式的方式逐条运行程序。通常情况下，在代码不超过5行或没有格式框架的情形下，采用交互式方式运行程序较好。

② 文件式是指程序编写者先将编写好的程序代码保存在".py"或".pyw"扩展名的文件中，然后再通过"运行"命令运行该文件的方式运行程序。通常情况下，在代码比较多或代码逻辑很复杂时，建议采用文件式运行程序。此外，采用文件式的方式，还具有代码易于调试、可以长久保存和易于复制等众多优点，是一种非常常见的运行方式。

5. IPO 程序编写方法

（1）具体内容：IPO是input、process和output的缩写，即按照输入、处理和输出的顺序进行模块化编程。

（2）详细说明：IPO编程方法是一种常见的编程方法，该方法可以将程序按输入、处理和输出进行分块处理，降低程序编写的难度。该方法也是一种非常重要的编程方法，对刚接触计算机语言的入门者来说，是一种可以快速提升编程能力的重要方法。

6. 程序的格式框架

（1）具体内容：Python采用严格的"缩进"来表明程序的格式框架。

（2）详细说明：在Python语言程序中，采用"缩进"来表示代码之间的包含和层次关系。每个层级之间默认采用4个空格实现。在IDLE软件中，可以在"配置"菜单中设置空格的具体数目。

7. 注释语句

（1）具体内容：注释语句是程序编写人员在程序中添加的一些信息，用来对程序、函数等进行说明。注释的内容会被解释器忽略，不被计算机执行。

（2）详细说明：

① Python语言提供单行注释和多行注释两种方法。单行注释以#字符开头，多行注释以'''（三引号）开头和结尾。

② 注释语句主要有以下几种用途：第一种是对程序的作者、版权信息进行说明，此种注释会出现在代码文件的开头；第二种是解释代码的原理或用途，一般会出现在代码的上方或者被注释语句的右侧；第三种是辅助程序调试，即程序出现"异常"时，程序编写人员采用单行或多行注释的方式，为部分语句添加注释，让解释器"忽略"以上语句，从而帮助程序编写者尽快找到问题所在。

8. 变量的命名与保留字

（1）具体内容：变量的命名需遵循一定的规则，并且不能与系统的保留字相同。

（2）详细说明：

① Python语言允许采用大写字母、小写字母、数字、下划线和汉字等字符及其组合给变量命名，但首字符不能是数字，且中间不能出现空格。

② 变量对大小写敏感，即变量abc和变量Abc是两个不同的变量。

③ Python语言中有30多个保留字，用于特定的功能。程序编写者不能将变量的命名与

保留字相同，否则会造成语法错误。

9. 字符串的索引

（1）具体内容：可以利用索引的方式获取字符串中的一部分字符或全部字符。

（2）详细说明：

① Python语言中，字符串的索引包含正向和反向两种。

② 在字符串正向索引中，左侧第一个字符的索引是0，向右依次递增。

③ 在字符串反向索引中，最右侧第一个字符的索引是-1，向左依次递减。

④ Python还提供了字符串的切片访问方法。其格式是[*N*:*M*:*K*]，其中*N*是起始索引，*M*是结束索引，*K*是步长（默认为1）。采用切片方法后，将返回从*N*到*M*-1且步长为*K*的子串。

⑤ 例如：s="ABCDEFGH"，可以利用s[2]访问变量*s*中从左向右数的第3个字符。利用s[-5]来访问变量*s*中从右向左数第5个字符。可以利用s[1:3]来访问变量*s*的子串"BC"，可以利用s[1:7:2]来访问变量*s*的子串"BDF"。

10. 赋值语句

（1）具体内容：Python利用“变量=表达式”的形式将表达式的计算结果赋值给变量。

（2）详细说明：在Python语言程序中，采用一个“=”来表示“赋值”，即将右侧表达式的结果赋值给左侧变量。通常情况如下：

① 可以利用“变量1 = 表达式1”，将“表达式1”的结果赋值给“变量1”。

② 可以利用“变量1，变量2，…，变量*n* = 表达式1，表达式2，…，表达式*n*”，给*n*个变量同时赋值。该语句的含义是：将“表达式1”的结果赋值给“变量1”，将“表达式2”的结果赋值给“变量2”……将“表达式*n*”的结果赋值给“变量*n*”。

11. input(< 提示性文字 >) 函数

（1）具体内容：input(<提示性文字>) 函数可以从控制台获得用户的输入。

（2）详细说明：

① 函数的语法格式是：函数名(<参数列表>)。不同函数的“函数名”因功能不同一般不相同。格式中的“括号”是英文标点的括号，表示的是该函数的参数部分，即使某个函数不包含参数，括号也不能省略；<参数列表>是该函数的参数部分，“尖括号”表示参数列表是可选项，是可有可无的。在不同函数中，参数的个数及顺序一般是不同的。此外，如果需要在某个函数内添加多个参数，在多个参数之间需要用英文标点的逗号进行分隔。

② input是函数的名称；<提示性文字>表示“提示性文字”是可选项，即程序编写者可根据实际需要在input()函数的括号内添加一些“提示性文字”，也可以不添加。

③ 通常情况下，“提示性文字”部分的内容会使运行程序的用户更清楚需要录入的内容及形式，所以建议程序编写者在 input()函数中设置相应的提示文字。

④ input()函数运行时，程序的光标会停留在控制台中，并等待用户从键盘上输入内容，直到遇到回车键为止。

⑤ input()函数将程序编写者键入的所有内容以字符串的形式返回结果，即程序编写者键入内容的数据类型为字符串类型。如果程序编写者需要键入数字并进行计算，需要程序编写者在后续的语句中，利用特定语句将字符串类型的数据转换成数字类型。

12. eval(< 字符串 >) 函数

（1）具体内容：eval(<字符串>)函数可以将<字符串>转变成Python语句，并执行该语句。

（2）详细说明：

① 因为eval(<字符串>)函数会将<字符串>转变并执行，所以程序编写人员在运用eval()函数时，一定要慎重，要确保<字符串>是正确的，否则程序将报错。

② 在日常使用中，常利用eval(<数字形式的字符串>)来将<数字形式的字符串>转变成数字类型，再进行数学运算。例如：eval("123")执行后，可以将字符串“123”转变为数字123。

13. print(< 待输出的内容 >) 函数

（1）具体内容：print(<待输出的内容>)函数可以将<待输出的内容>输出到控制台。

（2）详细说明：

① 若<待输出的内容>是一个字符串，则print()函数会将该字符串原样输出。

② 若<待输出的内容>是一个变量，则print()函数会将该变量的值输出。

③ 若<待输出的内容>是一个表达式，则print()函数会先计算表达式的结果，再输出结果。

④ 若<待输出的内容>是由多个部分组成的，则每个部分之间需使用英文标点的逗号分隔。

3.3 实验内容

3.3.1 基础实验

实验3-1：掌握print()函数的用法

【实验要求】

在IDLE控制台中运行命令并观察结果。

【实验步骤】

运行IDLE软件。在IDLE控制台中分别运行以下命令，并观察结果。

【参考程序及运行结果】

```
>>>print("Hello , world!")
Hello , world!
>>>print("Hello , " , "world!")
Hello ,  world!
>>>print(2+3)
5
>>>print(" 2 + 3 = " , 2+3)
2 + 3 =  5
>>>print("Hello,"+"John.")
Hello,John.
```

【实验解析】

（1）利用print()函数将字符串原样输出到控制台中。

（2）利用print()函数输出两个及以上的内容时，每个部分之间需要利用逗号分隔。

（3）当print()函数内部的参数为表达式时，Python语言会先计算该表达式的结果，再将结果显示到控制台中。

（4）当print()函数输出的内容为多个字符串时，可以通过“+”操作符连接成一个字符串。

实验3-2：掌握变量的用法和赋值语句

【实验要求】

在IDLE控制台中运行命令并观察结果。

【实验步骤】

运行IDLE软件。在IDLE控制台中输入以下命令，并观察运行结果。

【参考程序】

```
>>>a=3
>>>b=a
>>>c=2*a
>>>b=c+5
>>>print("a=",a,"b=",b)
```

【运行结果】

```
a=3 b=11
```

【实验解析】

（1）在Python中，所有的数据都是以“对象”的形式存在的，包括基本数据类型，如整数、浮点数、字符串等。变量不直接存储“值”，而是存储对“对象”的引用。这个引用指向内存中的一个位置，该位置存储了实际的数据值。

当为变量赋值时，Python会执行以下步骤：

① 先创建一个对象来存储“值”。

② 将变量指向新创建的对象。

（2）执行a=3后，3赋给了变量a（即变量a指向了存储3的对象），如图3-1所示。

（3）执行b=a语句后，变量a的值赋给了变量b（即变量b也指向了存储数字3的对象），如图3-2所示。

（4）执行c=2*a语句后，表达式2*3的结果6赋给了变量c（即变量c指向了存储数字6这个对象），如图3-3所示。

（5）执行b=c+5后，表达式6+5的结果11赋给了变量b（即变量b新指向了存储数字11的对象，而不再指向原来存储数字3的对象了），如图3-4所示。

（6）执行print("a=",a,"b=",b)后，字符串“a=”和“b=”按原样输出；输出变量*a*指向的值3，输出变量b指向的值11。

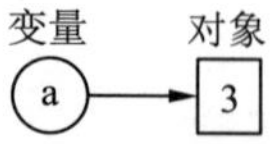

图 3-1　变量 a 指向示意图

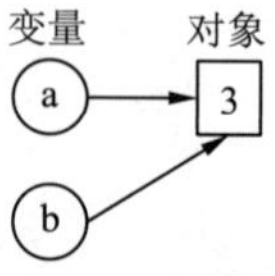

图 3-2　变量 b 指向示意图

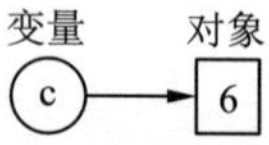

图 3-3　变量 c 指向示意图

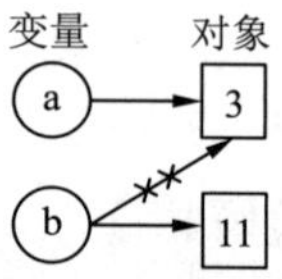

图 3-4　变量 b 更改指向示意图

实验3-3：掌握数值型操作符的用法

【实验要求】

在IDLE控制台中运行命令并观察结果。

【实验步骤】

运行IDLE软件。在IDLE控制台中输入以下命令，并观察运行结果。

【参考程序】

```
>>>x=5
>>>y=x*x-2*x+6
>>>print("y=",y)
```

【运行结果】

```
y=21
```

【实验解析】

（1）表达式x*x-2*x+6即数学表达式x^2-2x+6，但在Python语言中，表示乘法的乘号不允许被省略，须用“*”来表示。

（2）经过赋值和计算，数字21赋给了变量y。

实验3-4：掌握字符串索引方法

【实验要求】

在IDLE控制台中运行命令并观察结果。

【实验步骤】

运行IDLE软件。在IDLE控制台中输入以下命令，并观察运行结果。

【参考程序】

```
>>>s='ABCDEFG'
>>>t=s[-2]
>>>print(t)
>>>r=s[1:5]
>>>print(r)
>>>m=s[2:5:2]
>>>print(m)
>>>n=s[::-1]
>>>print(n)
```

【运行结果】

```
F
BCDE
CE
GFEDCBA
```

【实验解析】

（1）字符串从左到右索引时，其序号从0开始，依次递增；从右向左索引时，最右侧元素的下标是-1，向左依次递减。s[-2]表示从右向左索引第二个元素，即字符“F”。

（2）s[N:M]表示字符串的切片操作，即获取*s*的从*N*到*M*的子字符串，其中*N*为起始索引，*M*为结束索引（注：不包含*M*）。本例题中s[1:5]的结果为子串“BCDE”。

（3）s[N:M:K]表示字符串的切片操作，即获取*s*的从*N*到*M*，并以*K*为步长的子字符串，其中，*N*为起始索引，*M*为结束索引，*K*为步长（注：不包含*M*）。若*N*缺省，则默认从0开始；若*M*缺省，则默认为字符串右侧最后一个元素。

（4）本例题中s[2:5:2]的结果为“CE”。s[::-1]表示对*s*的整个字符串进行访问，并且步长为-1，即按相反顺序输出，其结果为“GFEDCBA”。

实验3-5：掌握IPO程序编写方法

【实验要求】

输入一个数字，计算并输出该数字的5倍。

【实现思路】

采用IPO方法对问题进行分块，即将问题分解为输入（input）、处理（process）和输出（output）三个部分，从而简化问题。

- 输入部分：输入一个数字给程序。
- 处理部分：计算该数字的5倍。
- 输出部分：输出结果。

【实验步骤】

运行IDLE软件。在D盘下新建一个文件夹，命名为“EXEC03_Part2”。在“D:\EXEC03_Part2”文件夹下，新建一个Python脚本文件，并将其命名为“EXEC03_jichu01.py”。

【参考程序】

```
'''
文件名称：EXEC03_jichu01.py
题目内容：输入一个数字，计算并输出该数的5倍。
'''
#输入部分
n=input("请输入一个数字：")
#处理部分
result=eval(n)*5
#输出部分
print("结果为：",result)
```

【运行结果】

```
请输入一个数字：5
结果为：25
```

【实验解析】

（1）由三个单引号开头和结尾的多行字符串为多行注释语句。Python文件开头的多行注释语句常用于标明文件名称和内容等信息。在Python代码中出现的多行注释语句也常用来调试程序，即暂时让解释器忽略执行被注释的语句，辅助程序编写者查找程序中可能存在的各种问题。

（2）单行注释语句用“#”开头。单行的注释语句在一段代码的顶端或者某一句代码的右侧出现，用来对这段代码或这一句代码的功能进行说明。此外，单行注释语句也常用于辅助调试程序之用。

（3）利用input()函数从控制台接收程序编写者输入的内容。本例接收的内容再通过赋值语句赋给了变量*n*。（注：接收的内容是字符串类型的数据。）

（4）因为要参与数字类型的运算，所以在计算乘积时，要将变量*n*中的字符串类型数据进行类型转换，转换为数字类型。

（5）eval(<字符串>)函数的作用是执行该字符串的命令，若字符串表示的是一个数字，则执行后，eval()函数的结果就是该数字代表的数值。以本实验为例，执行input()函数后，变量*n*中的内容被赋值为字符串5。执行eval(n)语句后，相当于执行了eval("5")命令，则字符串5经执行后，函数eval("5")的结果为数字5。所以程序编写者经常用eval()函数将字符串类型的数据转换为数字类型的数据。

（6）利用print()函数将变量的结果输出。

实验3-6：从键盘上输入两个数字，计算并输出两数的乘积

【实验要求】

输入两个数字，计算并输出这两个数的乘积。

【实现思路】

采用IPO方法对问题进行分块：

- 输入部分：输入两个数字给程序。
- 处理部分：转换类型并计算乘积。
- 输出部分：输出结果。

【实验步骤】

运行IDLE软件。在“D:\EXEC03_Part2”文件夹下，新建一个Python脚本文件，并将其命名为“EXEC03_jichu02.py”。

【参考程序】

```
'''
文件名称：EXEC03_jichu02.py
题目内容：输入两个数字，计算并输出这两个数的乘积。
'''
#输入部分
num1=input("请输入第一个数字：")
num2=input("请输入第二个数字：")
#处理部分
result=eval(num1)*eval(num2)
#输出部分
print("结果为：",result)
```

【运行结果】

```
请输入第一个数字：5
请输入第二个数字：8
结果为：40
```

【实验解析】

（1）利用input()函数从控制台接收程序编写者输入的内容。本例将接收两个数值，并分别赋值给变量num1和num2。

（2）因为两个数字不确定为整数还是带小数点的浮点数，所以利用eval(<字符串>)函数进行类型转换。

（3）利用print()函数将变量result的结果输出。

实验3-7：从键盘上输入一个“里”数，计算并输出对应的“米”数

【实验要求】

按照计量单位转换规则，计算输入的“里”数对应的“米”数，输出结果保留两位小数。（转换规则：“里”是中国古代的一个长度单位，1里=15引，1引=10丈，1丈=10尺，1尺=1/3米）。

【实现思路】

采用IPO方法对问题进行分块：

- 输入部分：输入一个“里”数给程序。
- 处理部分：计算该“里”数对应的“米”数。
- 输出部分：输出结果。

【实验步骤】

运行IDLE软件。在“D:\EXEC03_Part2”文件夹下，新建一个Python脚本文件，并将其命名为“EXEC03_jichu03.py”。

【参考程序】

```
'''
文件名称：EXEC03_jichu03.py
题目内容：输入一个"里"字，计算并输出对应的米数。
计算公式：mi=li*15引*10丈*10尺/3
'''
#输入部分
li=eval(input("请输入一个里数："))
#处理部分
mi=li*15*10*10*1/3
#输出部分
print("结果为:{:.2f}米".format(mi))
```

【运行结果】

```
请输入一个里数：15
结果为:7500.00米
```

【实验解析】

（1）利用input()函数从控制台接收程序编写者输入的内容。

（2）本例在输入部分将数据利用eval()函数进行转换后直接赋值给变量*li*。

（3）在处理部分进行单位的换算。

（4）在未来编程中，“处理部分”是程序编写者需要重点注意和解决的模块，希望程

序编写者能够重点关注此部分。

（5）利用print()函数将结果输出。本例中，采用“{:.2f}”的格式，限定结果保留两位小数。（注：占位符用的大括号是英文标点的大括号。）

实验3-8：字符串索引应用

【实验要求】

输入一位同学的姓名及姓氏的字符数*n*，输出“×××，欢迎你进入一个新的学习阶段！”

【实现思路】

采用IPO方法对问题进行分块：

- 输入部分：输入一个姓名和姓氏的字符数*n*给程序。
- 处理部分：利用字符串索引获取姓名中“名”的部分。
- 输出部分：输出题目要求的结果。

【实验步骤】

运行IDLE软件。在“D:\EXEC03_Part2”文件夹下，新建一个Python脚本文件，并将其命名为“EXEC03_jichu04.py”。

【参考程序】

```
'''
文件名称：EXEC03_jichu04.py
题目内容：输入一个人的姓名以及姓氏的字符数n，输出“XX，欢迎你进入一个新的学习阶段！”
'''
#输入部分
xingming=input("请输入一个姓名：")
n=eval(input("请输入姓氏的字符数："))
#处理部分
ming=xingming[n:]
#输出部分
print(ming,"，欢迎你进入一个新的学习阶段！")
```

【运行结果】

```
请输入一个姓名：长孙无忌
请输入姓氏的字符数：2
无忌，欢迎你进入一个新的学习阶段！
```

【实验解析】

（1）利用input()函数从控制台接收一个姓名并赋值给变量xingming；再利用input()接收一个“数字”，转换成数值后赋值给变量n。

（2）在“处理部分”中，利用字符串索引获取“名”的部分。字符串正向下标是从0开始的，因此数字n恰好就是名字部分的起始下标。再利用[n:]省略结果索引的方法取出“名”的所有字符。

（3）本程序设置变量n的作用是为了解决单姓和复姓的问题。

（4）利用print()函数将结果输出。

3.3.2 程序改错练习

编写程序完成后，需要运行和调试程序，以保证程序运行的正确性。编写的代码出现程序错误是非常常见的一种现象，程序编写者需要根据错误的类型进行有针对性的修改。

在Python编程语言中，错误类型很多种，相对常见的是以下两种类型：

（1）语法错误。语法错误是由于编写的程序违反了Python语言的语法规则而产生的错误。Python解释器会以红色信息提示错误的位置和错误的原因。常见的语法错误包含括号或引号不匹配、变量名称书写错误、类型错误、下标越界等类型。

（2）语义错误。语义错误是由于程序运行的结果和程序的功能不一致而出现的错误。因为程序执行后，Python解释器没有提示错误，需要程序编写者认真分析才能发现不一致，所以此类错误比语法错误难以被发现。对此类错误进行查找和改错，需要程序编写者对程序的实现逻辑进行仔细分析，所以此类错误也相对难解决。

实验3-9：掌握字符串引用的方法

【实验要求】

在IDLE控制台中运行命令，检查和分析错误原因，并改正错误。

【实验步骤】

运行IDLE软件。在IDLE控制台中输入以下命令，并输出语句I'll do my best everyday。

【参考程序】

```
>>>print('I'll do my best everyday.')
```

【运行结果】

```
SyntaxError: invalid syntax
```

对以上参考程序及其运行结果进行分析，并按本实验的功能要求改正程序中出现的错误。

【实验解析】

（1）“SyntaxError：invalid systax”是Python中的一个常见错误，表示解释器在执行代码时遇到了不符合语法规则的代码。这通常是由于拼写错误、缺少某些符号（如括号、引号、逗号等）、不正确的缩进、使用了错误的关键字等原因造成的。本例涉及括号和引号，所以先检查括号及引号是否匹配。

（2）错误原因：经检查发现，系统将语句中的单引号和字符串左侧的单引号进行了匹配，而出现了错配的情况，进而引发错误。

（3）改正思路：保留语句中的单引号，字符串外侧使用双引号或三个单引号方式。

【参考答案】

```
>>>print("I'll do my best every day.")
```

实验3-10：掌握字符串转换的方法

【实验要求】

改正程序，实现以下功能：输入两个整数m和n，计算并输出$m+n$的和。

【实验步骤】

运行IDLE软件。打开“D:\EXEC03_Part1\EXEC03_gaicuo01.py”文件。

【参考程序】

```
'''
文件名称：EXEC03_gaicuo01.py
题目内容：输入两个整数m和n，计算并输出m+n的和。
'''
#输入部分
m=input("请输入第一个数字：")
n=input("请输入第二个数字：")
#处理部分
result=m+n
#输出部分
print("结果为：",result)
'''
期待的运行结果如下：
请输入第一个数字：9
请输入第二个数字：15
结果为：24
'''
```

对以上参考程序进行分析，并按本实验的功能要求改正程序中出现的错误。将改正后的程序另存在“D:\EXEC03_Part2”文件夹下，并将文件名命名为“EXEC03_gaicuo01_daan.py”。

【实验解析】

（1）尝试运行程序后，通过观察结果，可以发现运算部分产生了计算错误，没有得出期待的结果。而程序在运行过程中没有提示语法错误，而产生了不满足题意的语义错误。

（2）错误原因：因为利用input()函数从控制台接收的是字符串类型的数据，在Python语言中，两个字符串类型的数据或变量利用“+”操作符是连接的操作，因此无法满足题目中要进行加法操作的要求。

（3）改正思路：利用eval()函数将字符串类型的数据转换成数字类型。此外，因为本题明确输入的数字是整数类型，所以也可以利用int()函数进行类型转换。

【参考答案1】

在输入部分进行类型转换。

```
'''
文件名称：EXEC03_gaicuo01_daan1.py
题目内容：输入两个整数m和n，计算并输出m+n的和。
改正方法1：在输入处直接进行类型转换。
'''
#输入部分
m=eval(input("请输入第一个数字："))
n=eval(input("请输入第二个数字："))
#处理部分
result=m+n
#输出部分
```

```
print("结果为：",result)
```

【参考答案2】

在处理部分进行类型转换。

```
'''
文件名称：EXEC03_gaicuo01_daan2.py
题目内容：输入两个整数m和n，计算并输出m+n的和。
改正方法2：在处理部分处进行类型转换。
'''
#输入部分
m=input("请输入第一个数字：")
n=input("请输入第二个数字：")
#处理部分
result=eval(m)+eval(n)      #或者result=int(m)+int(n)
#输出部分
print("结果为：",result)
```

【运行结果】

```
请输入第一个数字：9
请输入第二个数字：15
结果为：24
```

实验3-11：计算增长率

【实验要求】

（1）输入初值和增长率，计算并输出终值。

（2）结果保留两位小数。

（3）提示：终值=初值*（1+增长率）。

【实验步骤】

运行IDLE软件。打开“D:\EXEC03_Part1\EXEC03_gaicuo02.py”文件。

【参考程序】

```
'''
文件名称：EXEC03_gaicuo02.py
题目内容：输入初值和增长率，计算并输出终值。
计算公式：终值=初值*（1+增长率）
'''
#输入部分
base=eval(input("请输入初值："))
raise=eval(input("请输入增长率："))
#处理部分
final=base*(1+raise)
#输出部分
print("终值为：{:.2f}".format(final))
```

对参考程序进行分析，并按本实验的功能要求改正程序中出现的错误。将改正后的程序另存在“D:\EXEC03_Part2”文件夹下，并将文件名命名为“EXEC03_gaicuo02_daan.py”。

【实验解析】

（1）尝试运行程序后，可以发现系统提示“invalid systax”，即出现了语法错误。同时，系统光标停留在代码第8行的等号处。此外，代码中两处变量raise的颜色为橙色，而不是黑色的。

（2）错误原因：Python语言会规定一些保留字，即这些保留字都有特定含义，只能系统使用，而不能作为普通变量名使用，否则会导致程序出现异常，产生错误。raise就是系统保留字中的一个，于是产生了语法错误。

（3）改正思路：为代表“增长率”的变量重新命名，如raise_rate。

【参考答案】

```
'''
文件名称：EXEC03_gaicuo02_daan.py
题目内容：输入初值和增长率，计算并输出终值。
计算公式：终值=初值*（1+增长率）
'''
#输入部分
base=eval(input("请输入初值："))
raise_rate=eval(input("请输入增长率："))
#处理部分
final=base*(1+raise_rate)
#输出部分
print("终值为：{:.2f}".format(final))
```

【运行结果】

```
请输入初值：100
请输入增长率：0.055
终值为：105.50
```

实验3-12：计算圆柱的体积

【实验要求】

输入圆柱的底面半径和高，计算并输出该圆柱的体积（π取3.14，结果保留两位小数）。

【实验步骤】

运行IDLE软件。打开“D:\EXEC03_Part1\EXEC03_gaicuo03.py”文件。

【参考程序】

```
'''
文件名称：EXEC03_gaicuo03.py
题目内容：输入圆柱的底面半径和高，计算并输出该圆柱的体积。
计算公式：v=pi*r*r*h
'''
#输入部分
h=eval(input("请输入圆柱的底面半径："))
r=eval(input("请输入圆柱的高："))
pi=3.14
#处理部分
v=pi*r*r*h
```

```
#输出部分
print("结果为：{:.2f}".format(v))
'''
期待的运行结果如下：
请输入圆柱的底面半径：1
请输入圆柱的高：2
结果为：6.28
'''
```

对以上参考程序进行分析，并按本实验的功能要求改正程序中出现的错误。将改正后的程序另存在“D:\EXEC03_Part2”文件夹下，并将文件名命名为“EXEC03_gaicuo03_daan.py”。

【实验解析】

（1）尝试运行程序，半径输入1，高输入2后，可以发现结果为12.56，与正确的结果6.28不同，计算结果出现了错误。而程序的运行过程中，并没有提示其他错误，所以本例的错误属于语义错误。具体出错的位置或编程的逻辑需要我们仔细查找。

（2）错误原因：经检查，应该表示底面半径的变量r和应该表示圆柱高度的变量h之间写颠倒了，导致了计算结果的不准确。

（3）改正思路：将输入部分变量h和变量r的顺序更正过来。

【参考答案】

```
'''
文件名称：EXEC03_gaicuo03_daan.py
题目内容：输入圆柱的底面半径和高，计算并输出该圆柱的体积。
计算公式：v=pi*r*r*h
'''
#输入部分
r=eval(input("请输入圆柱的底面半径："))
h=eval(input("请输入圆柱的高："))
pi=3.14
#处理部分
v=pi*r*r*h
#输出部分
print("结果为：{:.2f}".format(v))
```

【运行结果】

```
请输入圆柱的底面半径：1
请输入圆柱的高：2
结果为：6.28
```

3.3.3 补全程序练习

下列实验程序在两行星号之间存在语句需要进行补充，使程序满足题目功能要求。

本项练习常见的完成思路和方法：

（1）从题目功能需求入手进行分析。

（2）从空缺处相邻的前后语句的功能入手进行分析。

（3）从程序中使用变量的命名及其功能入手进行分析。

（4）从补全后程序的运行结果入手进行分析。

（5）从缩进部分代码的逻辑关系入手进行分析。

实验3-13：计算圆的周长和面积

【实验要求】

补全程序，实现以下功能：输入圆的半径，计算并输出该圆的周长和面积（结果保留两位小数）。

【实验步骤】

打开“D:\EXEC03_Part1\EXEC03_buquan01.py”文件。

【参考程序】

```
'''
文件名称：EXEC03_buquan01.py
题目内容：输入圆的半径，计算并输出该圆的周长和面积。
'''
#输入部分
pi=3.14
#**************

#**************
#处理部分
c=2*pi*r
s=pi*r*r
#输出部分
print("周长为：{:.2f}，面积为：{:.2f}".format(c,s))

'''
期待的运行结果如下：
请输入半径：3
周长为：18.84，面积为：28.26
'''
```

分析程序，并按本实验功能要求补全两行星号之间的程序。将补全后的程序另存在“D:\EXEC03_Part2”文件夹下，并将文件名命名为“EXEC03_buquan01_daan.py”。

【实现思路】

（1）通过两行星号所在位置，可以得知要补全的部分是输入部分的代码。

（2）根据题意，可以得知需要输入一个半径。

（3）从处理部分的代码可知半径的变量名使用的是r。而且在处理部分的变量r代表的是一个数字类型的数据，所以在输入部分需要提前进行类型的转换。

（4）通过对运行结果部分进行分析，可以得知本题目是利用input()函数从控制台向程序提供数据的，而且提示语句为“请输入半径：”。

【参考答案】

```
'''
文件名称：EXEC03_buquan01_daan.py
题目内容：输入圆的半径，计算并输出该圆的周长和面积。
```

```
'''
#输入部分
pi=3.14
#**************
r=eval(input("请输入半径: "))
#**************
#处理部分
c=2*pi*r
s=pi*r*r
#输出部分
print("周长为: {:.2f}, 面积为: {:.2f}".format(c,s))
```

【运行结果】

```
请输入半径: 3
周长为: 18.84, 面积为: 28.26
```

实验3-14：计算梯形面积

【实验要求】

补全程序，实现以下功能：输入梯形的上底、下底和高，计算并输出该梯形的面积（结果保留两位小数）。

【实验步骤】

打开“D:\EXEC03_Part1\EXEC03_buquan02.py”文件。

【参考程序】

```
'''
文件名称: EXEC03_buquan02.py
题目内容: 输入梯形的上底、下底和高，计算并输出梯形的面积。
'''
#输入部分
a=eval(input("请输入上底: "))
#**************

#**************
#处理部分
area=(a+b)*h/2
#输出部分
print("面积为: {:.2f}".format(area))

'''
期待的运行结果如下:
请输入上底: 2
请输入下底: 3
请输入高: 5
面积为: 12.50
'''
```

分析程序，并按本实验功能要求补全两行星号之间的程序。将补全后的程序另存在“D:\EXEC03_Part2”文件夹下，并将文件命名为“EXEC03_buquan02_daan.py”。

【实现思路】

（1）通过两行星号所在位置可以得知，要补全的部分是输入部分的代码。

（2）根据题意，程序还需要输入一个下底和高。

（3）在处理部分可知，下底使用的变量名是b，高使用的变量名是h，而且在处理部分，变量b和变量h代表的都是数字类型的数据，所以在输入部分也要进行类型转换。

（4）通过对运行结果部分进行分析可以得知，本题目是利用input()函数从控制台向程序提供数据的，而且提示语句为“请输入下底：”和“请输入高：”。

【参考答案】

```
'''
文件名称：EXEC03_buquan02_daan.py
题目内容：输入梯形的上底、下底和高，计算并输出梯形的面积
'''
#输入部分
a=eval(input("请输入上底："))
#**************
b=eval(input("请输入下底："))
h=eval(input("请输入高："))
#**************
#处理部分
area=(a+b)*h/2
#输出部分
print("面积为：{:.2f}".format(area))
```

【运行结果】

```
请输入上底：2
请输入下底：3
请输入高：5
面积为：12.50
```

实验3-15：计算摄氏温度

【实验要求】

（1）补全程序，实现以下功能：输入一个华氏温度，计算并输出对应的摄氏温度（结果保留两位小数）。

（2）提示：$c=(f-32)/1.8$。c代表摄氏温度，f代表华氏温度。

【实验步骤】

打开“D:\EXEC03_Part1\EXEC03_buquan03.py”文件。

【参考程序】

```
'''
文件名称：EXEC03_buquan03.py
题目内容：输入一个华氏温度，计算并输出对应的摄氏温度。
'''
#输入部分
f=eval(input("请输入一个华氏温度："))
#处理部分
```

```
c=(f-32)/1.8
#输出部分
#**************

#**************

'''
期待的运行结果如下：
请输入一个华氏温度：75
华氏75度对应的摄氏度为：23.89度
'''
```

分析程序，并按本实验功能要求补全两行星号之间的程序。将补全后的程序另存在“D:\EXEC03_Part2”文件夹下，并将文件名命名为“EXEC03_buquan03_daan.py”。

【实现思路】

（1）通过两行星号所在位置可以得知，要补全的部分是输出部分的代码。

（2）根据已有代码可知，输入部分和处理部分已给出，通过处理部分的代码，也可知变量*c*中的数据就是题目所求的结果。需要补充的代码是输出部分，且结果需要按“华氏75度对应的摄氏度为：XX.XX度”的格式输出。

（3）可以利用print()函数及字符串占位符的方法实现输出语句。

【参考答案】

```
'''
文件名称：EXEC03_buquan03_daan.py
题目内容：输入一个华氏温度，计算并输出对应的摄氏温度。
'''
#输入部分
f=eval(input("请输入一个华氏温度："))
#处理部分
c=(f-32)/1.8
#输出部分
#**************
print("华氏 {} 度对应的摄氏度为：{:.2f} 度".format(f,c))
#**************
```

【运行结果】

```
请输入一个华氏温度：75
华氏75度对应的摄氏度为：23.89度
```

实验3-16：计算前*n*项数字的和

【实验要求】

补全程序，实现以下功能：输入一个正整数*n*，计算并输出1+2+⋯+*n*的和（n≥3）。

【实验步骤】

打开“D:\EXEC03_Part1\EXEC03_buquan04.py”文件。

【参考程序】

```
'''
文件名称：EXEC03_buquan04.py
题目内容：输入一个正整数n，计算并输出1+2+…+n的和。
'''
#输入部分
n=eval(input("请输入一个正整数n(n>=3)："))
#处理部分
#**************

#**************
#输出部分
print("1+2+...+{}={:.0f}".format(n,result))

'''
期待的运行结果如下：
请输入一个正整数n(n>=3)：6
1+2+...+6=21
'''
```

分析程序，并按本实验功能要求补全两行星号之间的程序。将补全后的程序另存在“D:\EXEC03_Part2”文件夹下，并将文件名命名为“EXEC03_buquan04_daan.py”。

【实现思路】

（1）通过两行星号所在位置可以得知，要补全的部分是处理部分的代码。

（2）根据题意，需要计算1+2+…+n的和并输出。由于输入和输出部分的代码已给出，只需补足处理部分的代码即可。第一，可以利用公式$(a_1+a_n)n/2$（$n\geqslant 3$）来计算总和。第二，根据输入部分的代码，总项数的数据存放在变量n中。第三，根据输出部分代码可知，计算好的总和需存在变量result中。

【参考答案】

```
'''
文件名称：EXEC03_buquan04_daan.py
题目内容：输入一个正整数n，计算并输出1+2+…+n的和。
'''
#输入部分
n=eval(input("请输入一个正整数n(n>=3)："))
#处理部分
#**************
result=(1+n)*n/2
#**************
#输出部分
print("1+2+...+{}={:.0f}".format(n,result))
```

【运行结果】

```
请输入一个正整数n(n>=3)：6
1+2+...+6=21
```

【实验解析】

因为进行了除法运算，所以变量result的类型为浮点数类型。又因为前n项和的结果是一个整数，所以本程序利用{:.0f}设置了一下输出结果的格式。

3.3.4 能力拓展

实验3-17：计算摄氏度对应的华氏度

扫一扫

实验3-17 参考答案等

【实验要求】

（1）题目功能：输入一个摄氏温度，计算并输出对应的华氏温度。

（2）格式要求：结果保留两位小数。

【实验步骤】

运行IDLE软件。在D盘下的“EXEC03_Part2”文件夹中，新建一个Python脚本文件，并命名为“EXEC03_tuozhan01.py”。按题目功能要求编写程序。

【实现思路】

（1）利用IPO方法对问题进行分块：

- 输入部分：输入一个摄氏温度c。
- 处理部分：计算对应的华氏温度f。
- 输出部分：按格式要求输出结果。

（2）利用input()函数从控制台接收输入数据。

（3）利用eval()函数对数据进行类型转换。

（4）利用$f=c\times1.8+32$进行计算。

（5）利用{:.2f}方法保留两位小数。

实验3-18：输出偶数子串

扫一扫

实验3-18 参考答案等

【实验要求】

题目功能：输入一个字符串，且字符串长度大于6，输出偶数子串。例如，输入字符串“甲乙丙丁戊己庚辛壬癸”，输出“乙丁己辛癸”。

【实验步骤】

运行IDLE软件。在D盘下的“EXEC03_Part2”文件夹中，新建一个Python脚本文件，并命名为“EXEC03_tuozhan02py”。按题目功能要求编写程序。

【实现思路】

（1）利用IPO方法对问题进行分块：

- 输入部分：输入一个字符串。
- 处理部分：计算偶数子串。
- 输出部分：按格式要求输出结果。

（2）利用input()函数从控制台接收输入数据。

（3）利用字符串索引进行处理。根据题意，满足条件的第一个字符的下标是1，所以起始索引设置为1；因为要访问至字符串末尾，且字符串长度未知，所以缺省结束索引；

每个偶数字符之间的间隔是2，所以步长设置为2。所以索引格式设置为[1::2]。

（4）利用print()函数输出结果。

实验3-19：圆田求积

【实验要求】

扫一扫

实验3-19
参考答案等

（1）题目内容：今有圆田，周三十步，径十步，问为田几何？（本题摘自《九章算术》，书籍作者不详，西汉进行过增补，三国时期刘徽为其进行注释。）

（2）题目说明：现有一块圆形田地，其周长为30步，直径为10步，求该田的面积。

（3）格式要求：结果保留两位小数。

【实验步骤】

运行IDLE软件。在D盘下的“EXEC03_Part2”文件夹中，新建一个Python脚本文件，并命名为“EXEC03_tuozhan03py”。按题目功能要求编写程序。

【实现思路】

（1）利用IPO方法对问题进行分块：

- 输入部分：将周长和直径利用变量存放。
- 处理部分：根据周长和直径计算圆周率π，再计算园田面积。
- 输出部分：按格式要求输出结果。

（2）利用公式“π=周长/直径”计算圆周率；利用公式“面积=π×半径×半径”或者“面积=π×直径×直径/4”计算面积。

（3）利用print()函数输出结果。

实验3-20：计算BMI

【实验要求】

扫一扫

实验3-20
参考答案等

（1）题目内容：输入一个身高（单位：米）和体重（单位：千克），计算并输出BMI的数值。

（2）计算公式：BMI=体重/（身高×身高）。

（3）格式要求：结果保留两位小数。

【实验步骤】

运行IDLE软件。在D盘下的“EXEC03_Part2”文件夹中，新建一个Python脚本文件，并命名为“EXEC03_tuozhan04py”。按题目功能要求编写程序。

【实现思路】

（1）利用IPO方法对问题进行分块：

- 输入部分：输入身高和体重。
- 处理部分：根据BMI=体重/（身高×身高）进行计算。
- 输出部分：按格式要求输出结果。

（2）利用print()函数输出结果。

实验 4
turtle 库绘图

4.1 实验目的

1. 熟悉利用turtle库绘图的基本方法。
2. 掌握turtle库核心函数的用法。
3. 掌握利用循环简化程序的方法。
4. 掌握利用函数简化程序的方法。

4.2 知识巩固

1. turtle.setup(width,height,startx,starty) 函数

（1）具体内容：该函数的作用是设置主窗体的大小和位置。

（2）详细说明：width参数的含义是主窗体的宽度；height参数的含义是主窗体的高度；startx参数的含义是主窗体距离屏幕最左侧的距离，若缺省则窗口位于屏幕水平的中央；starty参数的含义是主窗体距离屏幕顶端的距离，若缺省则窗口位于屏幕垂直的中央，以上四个参数均以像素数为单位。

2. turtle.penup() 函数

（1）具体内容：该函数的作用是抬起画笔。

（2）详细说明：

① 在绘图的过程中，有时需要将画笔离开画布，程序编写者可以利用turtle.penup()函数将画笔抬起，离开画布。例如：在绘图之前程序编写者在设置画笔的位置时，程序需要将画笔抬起，移动到特定位置之后，再落下画笔。

② turtle.penup()的别名有turtle.pu()和turtle.up()。

3. turtle.pendown() 函数

（1）具体内容：该函数的作用是落下画笔。

（2）详细说明：

① 在绘图的过程中，可以利用turtle.pendown()函数将画笔落下，即设置画笔落在画布上，为继续下一步绘图操作做好准备。该函数和turtle.penup()函数经常成对出现。例如，在程序编写者将画笔移动到特定位置之后，落下画笔，再继续下一步绘制。

② turtle.pendown()的别名还有turtle.pd()和turtle.down()。

4. turtle.pensize(width) 函数

（1）具体内容：该函数的作用是将画笔的宽度设置为width像素。

（2）详细说明：

① 在绘图的过程中，可以按需求利用turtle.pensize()函数设置画笔的宽度。

② turtle.pensize()的别名为turtle.width()。

5. turtle.pencolor() 函数

（1）具体内容：该函数的作用是设置画笔的颜色。

（2）详细说明：

① 可以按需求利用turtle.pencolor(colorstring)函数将画笔的颜色设置为colorstring色。例如：运行turtle.pencolor("purple")后，画笔的颜色将变为紫色。常见的colorstring有“white”“gold”“grey”等。

② 可以使用turtle.pencolor((r,g,b))函数更加精细地设置画笔的颜色。其中r代表设置颜色中红颜色的比例，g代表绿颜色的比例，b代表蓝颜色的比例。

③ 默认情况下，r、g、b每个数据的取值范围在0～1之间，即0代表0%，0.3代表30%，1代表100%。例如：(0,1,1)代表：红色0%、绿色100%、蓝色100%，合成出来的颜色是青色。

④ 可以利用turtle.colormode(255)函数将r、g、b每个数据的取值范围设定在0～255之间，即0代表0%，127代表50%，255代表100%。例如：(0,255,255)代表：红色0%、绿色100%、蓝色100%，合成出来的颜色也是青色。

6. turtle.fd(distance) 函数

（1）具体内容：该函数的作用是设置画笔沿当前方向移动distance像素。

（2）详细说明：

① 若distance>0，则画笔沿当前方向向前移动；若distance<0，则画笔沿当前方向的相反反向移动；画笔移动的距离为|distance|像素。

② 通常利用turtle.fd()函数绘制各种线段。

③ turtle.fd()的别名为turtle.forward()。

7. turtle.seth(to_angle) 函数

（1）具体内容：该函数的作用是设置画笔的角度至to_angle°。

（2）详细说明：

① 当执行turtle.seth(to_angle)函数后，画笔的方向会进行调整，从当前的角度调整到绝对坐标体系中的to_angle°。

② turtle.seth()的别名为turtle.setheading()。

8. 绝对方向角度体系

（1）具体内容：在turtle库中，建立了角度的绝对方向体系。

（2）详细说明：

① 在turtle的角度坐标体系中，0°代表水平向右的方向，同时$360° \times N$（N为整数）代表的方向也是水平向右的方向。

② turtle画笔默认的角度是0°，即默认方向是水平向右的。

③ 角度按逆时针增大。例如，90°代表垂直向上的方向，同时$90°+360° \times N$（N为整数）

代表的方向也是垂直向上的。其他角度以此类推。

9. turtle.circle(radius,extent=None) 函数

（1）具体内容：该函数的作用是设置画笔根据radius绘制extent角度的圆弧。

（2）详细说明：

① 当参数radius>0时，圆心在画笔左侧，圆心距画笔的距离为radius像素；当参数radius<0时，圆心在画笔右侧，圆心距画笔的距离为|radius|像素。

② 当参数extent缺省，turtle.circle()函数将绘制一个圆形；当extent>0时，画笔向前绘制一个extent角度的圆弧；当extent<0时，画笔向后绘制一个extent角度的圆弧。

4.3 实验内容

4.3.1 基础实验

实验4-1：绘制正三角形

【实验要求】

（1）绘制一个边长为100的正三角形。

（2）主窗体大小为600像素宽，600像素高。

（3）画笔宽度为3。

（4）画笔颜色为蓝色。

【实验步骤】

运行IDLE软件。在D盘下新建一个文件夹，命名为“EXEC04_Part2”。在“D:\EXEC04_Part2”文件夹下，新建一个Python脚本文件，并将其命名为“EXEC04_jichu01.py”。

【实现思路】

（1）采用IPO方法对问题进行分块：

- 输入部分：将题目给的数据赋值给相应的变量。
- 处理部分和输出部分：设置画笔并利用for循环绘制正三角形。

（2）寻找有规律的语句块，并利用for循环简化绘制代码。

【参考程序】

```
'''
文件名称：EXEC04_jichu01.py
题目内容：绘制一个边长为100的正三角形。
其他要求：主窗体大小为600像素宽，600像素高；画笔宽度为3；画笔为蓝色。
'''
#引入turtle库并将其别名设置为t
import turtle as t
#输入部分
width=600
height=600
penwidth=3
pencolor="blue"
distance=100
#处理部分和输出部分
```

```
t.setup(width,height)
t.pensize(penwidth)
t.pencolor(pencolor)
for i in range(1,4):
    t.fd(distance)
    t.seth(i*120)
```

【运行结果】

运行结果如图4-1所示。

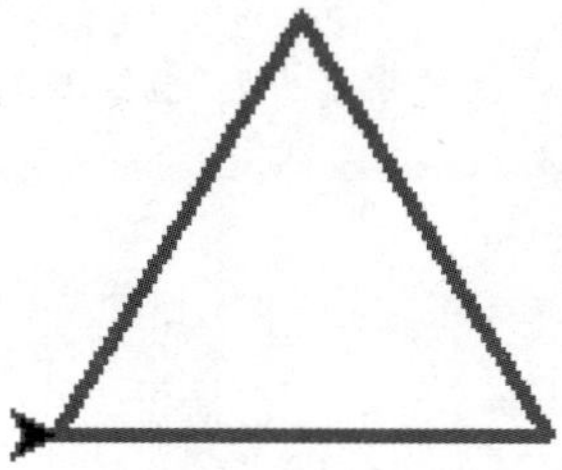

图4-1　正三角形

【实验解析】

（1）本例在输入部分，将很多题目给定的数据赋值给一些变量中，然后再在处理部分通过用变量名作为参数来进行绘图。其目的有二：一个是方便程序进行参数的修改，例如，只需将distance=100修改为distance=150，其他的语句都不动，再次运行程序就可绘制一个边长为150像素的正三角形；二是让程序编写者和程序阅读者更容易明白整个程序的含义。

（2）通过分析可知，绘制一条线段和旋转120°为一个基本语句块，再将该语句块执行3次，即可完成题目要求。所以为了让程序更简洁，本例使用for循环语句对语句块进行多次操作。

（3）对于有规律的语句块，都可以利用for循环或while循环等方法让程序更加简洁。

（4）利用range(1,4)产生数字1,2,3。一方面可以控制语句块运行3次；另一方面可以利用循环变量*i*每次的取值，快速计算出画笔旋转的绝对角度。

（5）在t.seth()中，通过设置为i*120，即可实现在3次循环中，画笔的方向分别为绝对角度120°、240°和360°。

实验4-2：绘制五角星

【实验要求】

（1）绘制一个边长为200的五角星。

（2）主窗体大小为600像素宽，600像素高。

（3）画笔宽度为3。

（4）画笔颜色为红色。

【实验步骤】

运行IDLE软件。在“D:\EXEC04_Part2”文件夹下，新建一个Python脚本文件，并将其命名为“EXEC04_jichu02.py”。

【实现思路】

（1）采用IPO方法对问题进行分块：

- 输入部分：将题目给的数据赋值给相应的变量。
- 处理部分和输出部分：设置画笔，并利用for循环绘制五角星。

（2）寻找有规律的语句块，并利用for循环简化绘制代码。

【参考程序】

```
'''
文件名称：EXEC04_jichu02.py
题目内容：绘制边长为200的五角星。
其他要求：主窗体为600宽，600高；画笔宽度为3，画笔颜色为红色。
'''
#引入turtle库并将其别名设置为t
import turtle as t
#输入部分
width=600
height=600
penwidth=3
pencolor=(1,0,0)
distance=200
#处理部分和输出部分
t.setup(width,height)
t.pensize(penwidth)
t.pencolor(pencolor)
#设置画笔初始位置
t.penup()
t.fd(-100)
t.pendown()
#绘制五角星
for i in range(5):
    t.fd(distance)
    t.right(144)
```

【运行结果】

运行结果如图4-2所示。

图 4-2　五角星

【实验解析】

（1）因为本例每次绘制线段后，都需转弯，总转弯次数较多，利用绝对角度比较复杂，所以本例引入了相对画笔相对旋转函数t.right(angle)。具体信息如下：

① t.left()和t.right()都是相对角度控制函数，都是以画笔当前所在方向为基础的。

② t.left(angle)的功能让画笔以当前方向为基础，向左旋转angle°。

③ t.right(angle)的功能让画笔以当前方向为基础，向右旋转angle°。

④ 从日常绘制五角星的习惯可知：绘制横线后，画笔转向左下角方向，再绘制向左下角的线段，然后沿着顺时针的方向继续绘制。所以本题使用了t.right(144)函数，即绘制每条边后，以画笔当前方向为基础，向右旋转144°，按日常的绘制习惯进行绘制。

（2）提示：旋转角度需要程序编写者准确计算，否则绘制结果会十分怪异，并难以改正。

实验4-3：绘制扇形

【实验要求】

绘制一个边长为200，圆心角为60°的扇形。主窗体大小为600像素宽，600像素高。画笔宽度为3。画笔颜色为绿色。

【实验步骤】

运行IDLE软件。在“D:\EXEC04_Part2”文件夹下，新建一个Python脚本文件，并将其命名为“EXEC04_jichu03.py”。

【实现思路】

采用IPO方法对问题进行分块：

- 输入部分：将题目给的数据赋值给相应的变量。
- 处理部分和输出部分：设置画笔，并绘制扇形。

【参考程序】

```
'''
文件名称：EXEC04_jichu03.py
题目内容：绘制边长为200，圆心角为60°的扇形。
其他要求：主窗体为600宽，600高；画笔宽度为3，画笔颜色为绿色。
'''
#引入turtle库并将其别名设置为t
import turtle as t
#输入部分
width=600
height=600
penwidth=3
pencolor=(0,255,0)
distance=200
angle=60
#处理部分和输出部分
t.setup(width,height)
t.pensize(penwidth)
t.colormode(255)                        #将颜色模式设置为255模式
t.pencolor(pencolor)
#绘制扇形
t.fd(distance)                          #绘制第一条边
t.left(90)                              #调整画笔方向，为绘制圆弧做准备
t.circle(distance,angle)                #以200为半径，绘制圆心角为60°的圆弧
t.left(90)                              #调整画笔方向，为绘制第二条边做准备
```

```
    t.fd(distance)                          #绘制第二条边
```

【运行结果】

运行结果如图4-3所示。

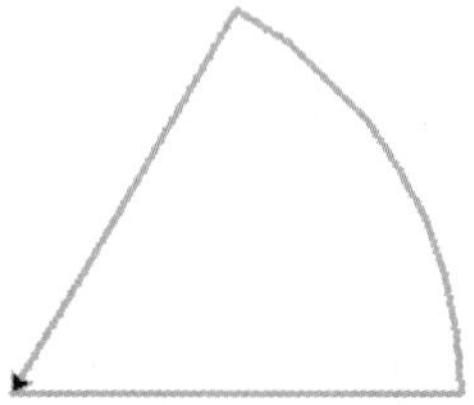

图 4-3　圆心角为 60° 的扇形

【实验解析】

（1）若设置画笔颜色取值范围为0～255，一定要在t.pencolor()函数之前让程序先运行t.colormode(255)，将颜色模式设置为255模式。

（2）在绘制扇形的过程中，两次调整画笔方向的操作很容易被忘记，即在绘制线段和绘制圆弧的两个语句之间，一定要预先调整好画笔的方向，程序编写者一定要多加注意。

实验4-4：绘制正方形边框

【实验要求】

图4-4（a）所示的正方形边框是我国传统图案之一，本例将绘制一个图4-4（a）所示的正方形边框，每条边的具体情况如图4-4（b）所示。主窗体大小为600像素宽，600像素高。画笔宽度为3。

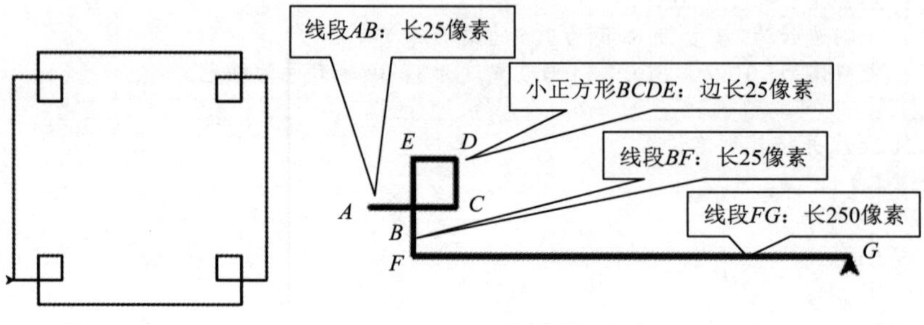

（a）正方形边框图　　（b）边框基本构成

图 4-4　正方形边框

【实验步骤】

运行IDLE软件。在“D:\EXEC04_Part2”文件夹下，新建一个Python脚本文件，并将其命名为“EXEC04_jichu04.py”。

【实现思路】

（1）采用IPO方法对问题进行分块：

- 输入部分：将题目给的数据赋值给相应的变量。
- 处理部分和输出部分：设置画笔并绘制正方形边框。

（2）寻找有规律的语句块，并利用for循环简化绘制代码。

【参考程序】

```
'''
文件名称：EXEC04_jichu04.py
题目内容：绘制正方形边框。
其他要求：主窗体为600宽，600高；画笔宽度为3。
'''
#引入turtle库并将其别名设置为t
import turtle as t
#输入部分
width=600
height=600
penwidth=3
distance1=25
distance2=250
#处理部分和输出部分
t.setup(width,height)
t.pensize(penwidth)
#设置画笔初始位置和方向，其坐标为(-150,-150)，方向水平向右
t.penup()
t.fd(-150)
t.seth(-90)
t.fd(150)
t.seth(0)
t.pendown()
#绘制边框
for i in range(4):
    #绘制线段 AB
    t.fd(distance1)
    #绘制小正方形 BCDE
    for j in range(4):
        t.fd(distance1)
        t.left(90)
    t.right(90)
    #绘制线段 BF
    t.fd(distance1)
    t.left(90)
    #绘制线段 FG
    t.fd(distance2)
    t.left(90)
```

【运行结果】

运行结果如图4-4（a）所示。

【实验解析】

（1）绘制复杂图形时，需要找到一个如图4-4（b）的基本构成部分，再将该基本构成部分作为语句块放在for循环中，进而使程序更加简洁。

（2）本例中，在外层for循环内又出现了for循环，即出现了循环的嵌套。在循环的嵌套中，程序编写者要特别注意程序的缩进层级。

4.3.2 补全程序练习

实验4-5：绘制正多边形

【实验要求】

输入边数n，绘制边长为120像素的正n边形。主窗体大小为600像素宽，600像素高。画笔宽度为5。内部填充颜色为黄色（RGB的数值为255, 255, 0）。补全两行星号之间的代码。

【实验步骤】

打开“D:\EXEC04_Part1\EXEC04_buquan01.py”文件。

【实现思路】

（1）通过两行星号所在位置可以得知，要补全的部分是画笔旋转角度的位置。

（2）根据空白处上面两行代码的含义可以得知，需要利用t.left()函数控制画笔左转，而且左转角度在变量angle中，所以需要补全的代码为t.left(angle)。

【参考程序】

```
'''
文件名称：EXEC04_buquan01.py
题目内容：输入边数n，绘制边长为120的正n边形。
其他要求：主窗体大小为600像素宽，600像素高；画笔宽度为5；内部填充黄色。
'''
#引入turtle库并将其别名设置为t
import turtle as t
#输入部分
width=600
height=600
penwidth=5
color=(255,255,0)
distance=120
n=eval(input("请输入边数n："))
#处理部分和输出部分
t.setup(width,height)
t.pensize(penwidth)
#置画笔初始位置和方向，其坐标为(-100,-200)，方向水平向右
t.penup()
t.fd(-100)
t.seth(-90)
t.fd(200)
t.seth(0)
t.pendown()
#绘制正n边形
#设置填充颜色
t.colormode(255)
t.fillcolor(color)
t.begin_fill()
for i in range(n):
    t.fd(distance)
    #计算绘制每条边后，画笔需左转的角度
```

```
    angle=360/n
    #**************

    #**************
t.end_fill()
```

分析程序，并按本实验功能要求补全两行星号之间的程序。将补全后的程序另存在“D:\EXEC04_Part2”文件夹下，并将文件名命名为“EXEC04_buquan01_daan.py”。

【参考答案】

```
'''
文件名称：EXEC04_buquan01_daan.py
题目内容：输入边数n，绘制边长为120的正n边形。
其他要求：主窗体大小为600像素宽，600像素高；画笔宽度为5；内部填充黄色。
'''
#引入turtle库并将其别名设置为t
import turtle as t
#输入部分
width=600
height=600
penwidth=5
color=(255,255,0)
distance=120
n=eval(input("请输入边数n: "))
#处理部分和输出部分
t.setup(width,height)
t.pensize(penwidth)
#设置画笔初始位置和方向，其坐标为(-100,-200)，方向水平向右
t.penup()
t.fd(-100)
t.seth(-90)
t.fd(200)
t.seth(0)
t.pendown()
#绘制正 n 边形
#设置填充颜色
t.colormode(255)
t.fillcolor(color)
t.begin_fill()
for i in range(n):
    t.fd(distance)
    #计算绘制每条边后，画笔需左转的角度
    angle=360/n
    #**************
    t.left(angle)
    #**************
t.end_fill()
```

【运行结果】

```
请输入边数n: 6
```

运行结果如图4-5所示。

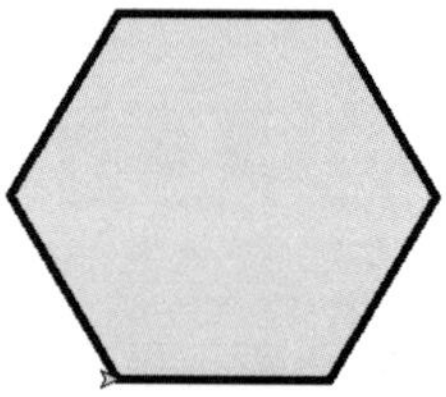

图 4-5　正 n 边形

【实验解析】

（1）本例使用了t.fillcolor()、t.begin_fill()和t.end_fill()函数对图形进行颜色填充。

① 利用t.fillcolor(color)将填充颜色设置为color，本例中变量color为黄色。

② 利用t.begin_fill()设定了填充的起始位置。

③ 利用t.end_fill()设定了填充的终止位置。

④ 在t.begin_fill()和t.end_fill()之间的绘图部分将被填充color颜色。

注： t.begin_fill()和t.end_fill()两个函数名后的括号不能省略。

（2）为了绘制需要，本例设定的画笔初始位置为画布的左下角。其他题目画笔的起始位置需根据实际进行动态设置，以保证不将绘图结果绘出画布。

（3）本例以n=6为例，绘制了一个正六边形。实际中，大家可以再次运行程序，试试绘制其他正n边形。

实验4-6：绘制圆角矩形

【实验要求】

绘制一个圆角矩形，其中宽为200像素，高为100像素，圆角半径为25像素。主窗体大小为600像素宽，600像素高。画笔宽度为3。补全两行星号之间的代码。

【实验步骤】

打开“D:\EXEC04_Part1\EXEC04_buquan02.py”文件。

【实现思路】

（1）依据题意，需要利用turtle库绘制一个圆角矩形。

（2）在“绘制圆角矩形”代码部分，程序将循环的次数设置为2，即每次绘制圆角矩形的一半，一共绘制2次。

（3）从功能上分析，循环每次绘图在绘制“宽”和绘制“圆角”之后，还应该再绘制“高”和一个“圆角”。运行现有代码，程序没有报错，但从绘制的结果分析，没有补全的代码正因为每次循环缺少了绘制“高”和第二个“圆角”，所以图形的边长不正确，而且在关键处“转弯”也不够，导致图形非常怪异。

（4）在两行星号之间，需补充绘制“高”和“圆角”的程序代码。再根据题意，“高”为100像素，可以利用t.fd(height)实现；“圆角”的半径为25，角度应为90，可以利用为t.circle(r,90)实现。

【参考程序】

```
'''
文件名称：EXEC04_buquan02.py
```

```
题目内容：绘制一个圆角矩形，其宽为200像素，高为100像素，圆角半径为25像素。
其他要求：主窗体大小为600像素宽，600像素高；画笔宽度为3。
'''
#引入turtle库并将其别名设置为t
import turtle as t
#输入部分
canvas_width=600
canvas_height=600
penwidth=3
width=200
height=100
r=25
#处理部分和输出部分
t.setup(canvas_width,canvas_height)
t.pensize(penwidth)
#设定画笔起始位置与方向，其坐标为(-150,-200)，方向水平向右
t.penup()
t.goto(-150,-200)                    #t.goto(x,y)可以使画笔直接移至(x, y)坐标处
t.seth(0)
t.pendown()
#绘制圆角矩形
for i in range(2):
    #绘制宽
    t.fd(width)
    #绘制圆角
    t.circle(r,90)
    #**************

    #**************
```

分析程序，并按本实验功能要求补全两行星号之间的程序。将补全后的程序另存在“D:\EXEC04_Part2”文件夹下，并将文件名命名为“EXEC04_buquan02_daan.py”。

【参考答案】

```
'''
文件名称：EXEC04_buquan02_daan.py
题目内容：绘制一个圆角矩形，其宽为200像素，高为100像素，圆角半径为25像素。
其他要求：主窗体大小为600像素宽，600像素高；画笔宽度为3。
'''
#引入turtle库并将其别名设置为t
import turtle as t
#输入部分
canvas_width=600
canvas_height=600
penwidth=3
width=200
height=100
r=25
#处理部分和输出部分
t.setup(canvas_width,canvas_height)
t.pensize(penwidth)
```

```
#设定画笔起始位置与方向，其坐标为(-150,-200)，方向水平向右
t.penup()
t.goto(-150,-200)                    #t.goto(x,y) 可以使画笔直接移至(x, y)坐标处
t.seth(0)
t.pendown()
#绘制圆角矩形
for i in range(2):
    #绘制宽
    t.fd(width)
    #绘制圆角
    t.circle(r,90)
    #**************
    #绘制高
    t.fd(height)
    #绘制第二个圆角
    t.circle(r,90)
    #**************
```

【运行结果】

运行结果如图4-6所示。

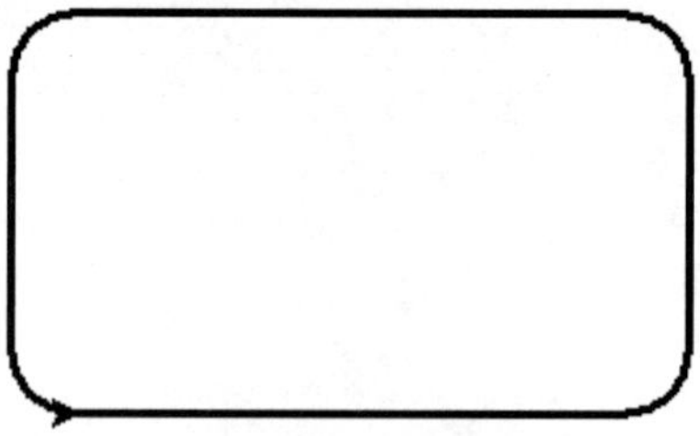

图 4-6　圆角矩形

实验4-7：绘制同心圆

【实验要求】

绘制三个同心圆，其中最内层圆的半径为100像素，第二层圆半径为150像素，最外层圆半径为200像素。主窗体大小为600像素宽，600像素高。画笔宽度为3。补全两行星号之间的代码。

【实验步骤】

打开“D:\EXEC04_Part1\EXEC04_buquan03.py”文件。

【实现思路】

（1）依据题意，需要利用turtle库绘制三个同心圆。

（2）在“绘制同心圆”代码部分，程序将循环的次数设置为3，即每次绘制一个同心圆，且半径分别为100、150和200像素。

（3）从功能上分析，循环每次已计算好了每次圆的半径，也进行了圆的绘制。但运行程序后发现是三个同切圆，即需要在两行星号之间补充需要为下一次绘制圆设定好的画笔位置和方向。

（4）因为圆心固定，所以在两行星号之间，可以采取以下步骤：

① 抬起画笔。

② 向右旋转90°。

③ 向前行进50像素。

④ 向左旋转90°。

⑤ 落下画笔。

【参考程序】

```
'''
文件名称：EXEC04_buquan03.py
题目内容：绘制三个同心圆，其中最内层圆的半径为100像素，第二层圆半径为150像素，最外层圆
半径为200像素。
其他要求：主窗体大小为600像素宽，600像素高；画笔宽度为3。
'''
#引入turtle库并将其别名设置为t
import turtle as t
#输入部分
width=600
height=600
penwidth=3
r0=100
#处理部分和输出部分
t.setup(width,height)
t.pensize(penwidth)
#设定画笔起始位置与方向，其坐标为(100,0)，方向水平向上
t.penup()
t.fd(100)
t.seth(90)
t.pendown()
#绘制同心圆
for i in range(3):
    r=r0+50*i
    t.circle(r)
    #**************

    #**************
```

分析程序，并按本实验功能要求补全两行星号之间的程序。将补全后的程序另存在"D:\EXEC04_Part2"文件夹下，并将文件名命名为"EXEC04_buquan03_daan.py"。

【参考答案】

```
'''
文件名称：EXEC04_buquan03_daan.py
题目内容：绘制三个同心圆，其中最内层圆的半径为100像素，第二层圆半径为150像素，最外层圆
半径为200像素。
其他要求：主窗体大小为宽600像素，高600像素；画笔宽度为3。
'''
#引入turtle库并将其别名设置为t
import turtle as t
```

```
#输入部分
width=600
height=600
penwidth=3
r0=100
#处理部分和输出部分
t.setup(width,height)
t.pensize(penwidth)
#设定画笔起始位置与方向，其坐标为(100,0)，方向水平向上
t.penup()
t.fd(100)
t.seth(90)
t.pendown()
#绘制同心圆
for i in range(3):
    r=r0+50*i
    t.circle(r)
    #**************
    t.penup()
    t.right(90)
    t.fd(50)
    t.left(90)
    t.pendown()
    #**************
```

【运行结果】

运行结果如图4-7所示。

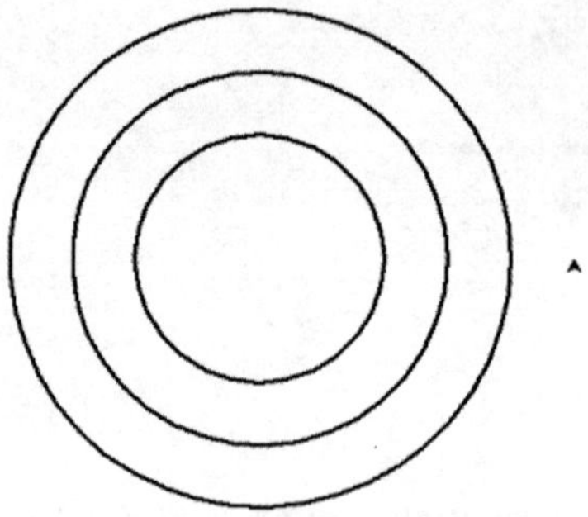

图 4-7　三个同心圆

实验4-8：绘制齿轮边缘

【实验要求】

本例要求绘制图4-8（a）所示的齿轮边缘图案，其中共有16个齿，内圈半径为200像素，外圈半径为230像素。图4-8（b）为齿轮中一个齿的局部图，圆弧AB和圆弧CD的圆心角angle都为11.25°（angle=360°/（16*2）），线段BC和线段DE长为30像素。主窗体大小为600像素宽，600像素高。画笔宽度为3。补全两行星号之间的代码。

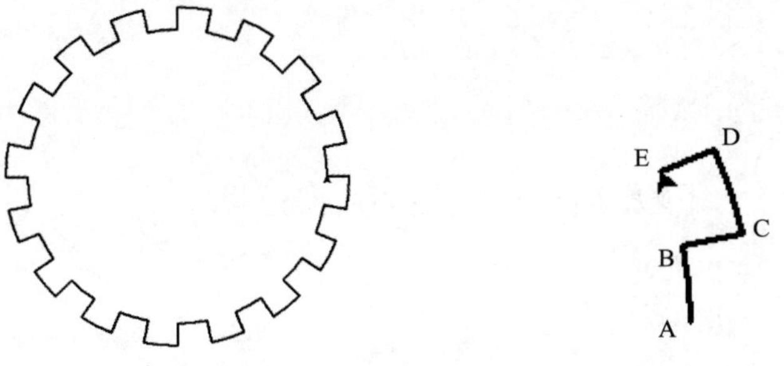

（a）齿轮边缘　　（b）齿轮绘制单元

图 4-8　齿轮

【实验步骤】

打开“D:\EXEC04_Part1\EXEC04_buquan04.py”文件。

【实现思路】

（1）依据题意，需要利用turtle库绘制一个齿轮边缘图案。

（2）对于规则图形，寻找规律并利用for循环来简化代码是一种经常使用的方法。通过对图4-8（a）的分析，可以寻找到如图4-8（b）的齿轮绘制单元，于是就可以将该绘制单元作为语句块放置在for循环中，代码量可以缩短很多。

（3）圆弧AB和圆弧CD的圆心角angle都为11.25°。因为一共有16个齿，所以每个绘制单元的圆心角为360°/16=22.5°，而圆弧AB和圆弧CD的圆心角又相同，所以每段圆弧的圆心角为22.5°/2=11.25°。

（4）因为内圈半径为200像素，外圈的半径为230像素，所以线段BC和线段DE的长度为230−200=30像素。

（5）【参考程序】已经给出圆弧AB和线段BC的代码，还需要在两行星号之间补足圆弧CD和线段DE的代码。

注：在每段绘制之前，要提前将画笔的角度设置正确。

【参考程序】

```
'''
文件名称：EXEC04_buquan04.py
题目内容：绘制齿轮边缘图案。其中共有16个齿。
         内圈半径为200像素，外圈半径为230像素。
         圆弧AB和圆弧CD的圆心角angle都为11.25°。
         线段BC和线段DE长为30像素。
其他要求：主窗体大小为600像素宽，600像素高；画笔宽度为3。
'''
#引入turtle库并将其别名设置为t
import turtle as t
#输入部分
width=600
height=600
penwidth=3
r0=200
r1=230
distance=r1-r0
```

```
gear_num=16
angle=360/(gear_num*2)
#处理部分和输出部分
t.setup(width,height)
t.pensize(penwidth)
#设定画笔起始位置与方向，其坐标为(200,0)，方向水平向上
t.penup()
t.fd(r0)
t.seth(90)
t.pendown()
#绘制齿轮边缘
for i in range(gear_num):
    #绘制圆弧AB
    t.circle(r0,angle)
    t.right(90)
    #绘制线段BC
    t.fd(distance)
    t.left(90)
    #**************

    #**************
```

分析程序，并按本实验功能要求补全两行星号之间的程序。将补全后的程序另存在“D:\EXEC04_Part2”文件夹下，并将文件名命名为“EXEC04_buquan04_daan.py”。

【参考答案】

```
'''
文件名称：EXEC04_buquan04.py
题目内容：绘制齿轮边缘图案。其中共有16个齿。
内圈半径为200像素，外圈半径为230像素。
圆弧AB和圆弧CD的圆心角angle都为11.25度。
线段BC和线段DE长为30像素。
其他要求：主窗体大小为600像素宽，600像素高；画笔宽度为3。
'''
#引入turtle库并将其别名设置为t
import turtle as t
#输入部分
width=600
height=600
penwidth=3
r0=200
r1=230
distance=r1-r0
gear_num=16
angle=360/(gear_num*2)
#处理部分和输出部分
t.setup(width,height)
t.pensize(penwidth)
#设定画笔起始位置与方向，其坐标为(200,0)，方向水平向上
t.penup()
t.fd(r0)
```

```
    t.seth(90)
    t.pendown()
    #绘制齿轮边缘
    for i in range(gear_num):
        #绘制圆弧 AB
        t.circle(r0,angle)
        t.right(90)
        #绘制线段 BC
        t.fd(distance)
        t.left(90)
        #**************
        #绘制圆弧 CD
        t.circle(r1,angle)
        t.left(90)
        #绘制线段 DE
        t.fd(distance)
        t.right(90)
        #**************
```

【运行结果】

运行结果如图4-8（a）所示。

4.3.3 能力拓展

实验4-9：绘制红十字

（a）红十字图　　（b）框绘制单元

扫一扫

实验4-9
参考答案等

图 4-9　红十字

红十字是国际公认的人道主义标志和保护性标志，它代表着医院等医疗机构，以及与之相关的救援和医疗工作。

【实验要求】

绘制一个图4-9（a）所示的红色十字。边缘每条线段的长为100像素。主窗体大小为600像素宽，600像素高。画笔宽度为3，颜色为红色（255, 0, 0）。红色十字内部填充颜色也为红色（255, 0, 0）。

【实验步骤】

运行IDLE软件。在D盘下的“EXEC04_Part2”文件夹中，新建一个Python脚本文件，并命名为“EXEC04_tuozhan01.py”。按题目功能要求，编写程序。

【实现思路】

（1）利用IPO方法对问题进行分块：

- 输入部分：将题目给的数据赋值给相应的变量。
- 处理部分和输出部分：利用for循环实现绘制过程并完成填充。

（2）将红十字的外边框拆分成如图4-9（b）的四个“外框绘制单元”，即将每个“外框绘制单元”作为一个语句块放置在for循环中。

（3）将一个“外框绘制单元”拆分成三条线段，即将每个小线段，以及转向动作作为一个语句块放置在内层for循环中。

（4）绘制每个线段的for循环是内层循环，是绘制“外框绘制单元”的for循环的内部元素，在编写程序时，需要特别注意逻辑关系和程序框架格式。

（5）利用t.fillcolor()、t.begin_fill()和t.end_fill()填充颜色。

实验4-10：绘制彩虹

扫一扫

实验4-10
参考答案等

【实验要求】

绘制一个如图4-10（a）的彩虹。最内层半径为150像素。主窗体大小为600像素宽，600像素高。画笔宽度为20。紫色的RGB数值为（255, 0, 255），蓝色为（0, 0, 255），青色为（0, 255, 255），绿色为（0, 255, 0），黄色为（255, 255, 0），橙色为（255, 127, 0），红色为（255, 0, 0）。

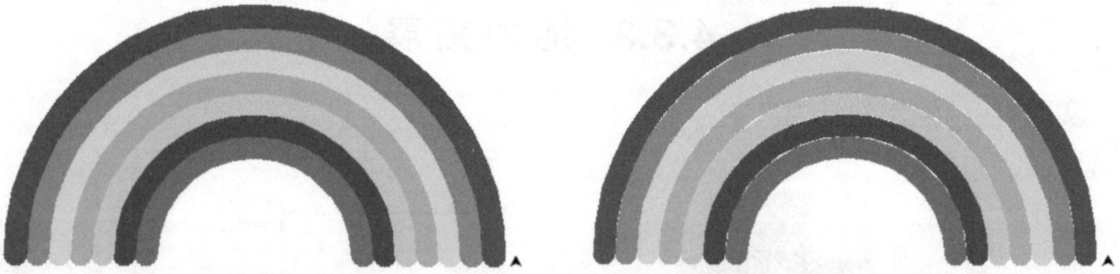

（a）彩虹效果图　　（b）画笔等于半径差效果图

图 4-10　彩虹效果

【实验步骤】

运行IDLE软件。在D盘下的“EXEC04_Part2”文件夹中，新建一个Python脚本文件，并命名为“EXEC04_tuozhan02.py”。按题目功能要求，编写程序。

【实现思路】

（1）利用IPO方法对问题进行分块：

- 输入部分：将题目给的数据赋值给相应的变量。
- 处理部分和输出部分：利用for循环实现绘制过程。

（2）从题意分析，绘制过程和实验4-7绘制同心圆的过程非常相似，可以借鉴绘制同心圆的办法，采取由内向外绘制同心圆的方式完成绘图。

（3）由于彩虹只包含半圈图案，所以在绘制同心圆时，在前半圈正常绘制；在后半圈先执行t.penup()，让画笔抬起，再“空画”后半圈，让画笔快速回到每圈的起始位置。

（4）可以利用同心圆移动画笔的方法设置下一圈画笔的起始位置。

（5）因为画笔的宽度为20像素，所以下一圈彩虹的半径比当前圈彩虹的半径多20，所以令r0=150来设定最内圈紫色的半径，再在for循环中利用r=r0+penwidth*i的方法自动计算每一圈的半径。

（6）在按半径差等于画笔宽度进行绘制时，由于系统存在绘制误差，两圈绘制轨迹之间会产生如图4-10（b）所示的白色条纹的现象。为消除此种误差，可采取将画笔实际宽度+2的方法，即设置为22像素，对绘图结果进行改进。

实验4-11：绘制边框图案

扫一扫

实验4-11
参考答案等

（a）边框图案图　　（b）边框基础绘制单元

图 4-11　边框图案

【实验要求】

绘制一个如图4-11（a）所示的我国传统边框图案。全图由如图4-11（b）所示的30个基本绘图单元构成。图案最内层半径为200像素，圆弧AB和圆弧EF的圆心角为9°，圆弧CD和圆弧GH的圆心角为3°，线段BC、线段DE、线段FG和线段HI的长度为12像素。主窗体大小为600像素宽，600像素高。画笔宽度为3。

【实验步骤】

运行IDLE软件。在D盘下的“EXEC04_Part2”文件夹中，新建一个Python脚本文件，并命名为“EXEC04_tuozhan03.py”。按题目功能要求，编写程序。

【实现思路】

（1）利用IPO方法对问题进行分块：

- 输入部分：将题目给的数据赋值给相应的变量。
- 处理部分和输出部分：利用for循环实现绘制过程。

（2）从题意分析，绘制过程和实验4-8绘制齿轮边缘的过程非常相似，可以借鉴绘制齿轮边缘的办法，将如图4-11（b）的“边框基础绘制单元”作为语句块，放置在for循环中，进而简化代码。

（3）通过对每一个“边框基础绘制单元”中每一段圆弧圆心角的计算可以发现，若以圆弧CD的圆心角为一个基本单位β，则圆弧GH的圆心角也为1个基本单位β，而圆弧AB和圆弧EF的圆心角为3个基本单位β，进而可以计算出每个“边框基础单元”的圆心角为4个基本单位β，所以每个基本单位β=360°/（30×4）=3°。

（4）所需其他数据题目均已给出，程序按从AB到HI的顺序分段绘制即可。

扫一扫

实验4-12
参考答案等

实验4-12：绘制南丁格尔玫瑰图（选学）

1854年，英国护士及统计学家南丁格尔在接到政府的请求后，带领一些志愿女护士共同前往克里米亚救治伤员。当时，士兵的死亡率极高，但南丁格尔发现，士兵死亡的主要原因并非战斗伤害，而是由于感染霍乱、伤寒和其他传染病。

南丁格尔还收集了大量有关士兵死亡原因的数据，见表4-1。她使用1855年4月到1856年3月的数据绘制了玫瑰图，直观地展示不同月份中，因战争伤害、传染病和其他原因导致的死亡人数。在玫瑰图中，圆圈被划分为12个扇形，代表一年中的各个月份。每个扇形的面积与该月的死亡人数成比例。扇形中的蓝色部分代表因疾病导致的死亡，红色部分代表因受伤导致的死亡，黑色部分代表因其他原因导致的死亡。

最终，南丁格尔成功说服政府在军事和民用医院进行卫生改革。

表 4-1　南丁格尔统计数据

月　份	数　据	月　份	数　据
1855 年 4 月	（0.1，0.8，0.1）	1855 年 10 月	（4.9，2.5，2.4）
1855 年 5 月	（0.7，0.6，0.1）	1855 年 11 月	（6.6，3.7，2.3）
1855 年 6 月	（0.55，0.3，0.1）	1855 年 12 月	（9.1，2.6，2.4）
1855 年 7 月	（4.3，1.2，0.1）	1856 年 1 月	（12，3.8，1.9）
1855 年 8 月	（6.4，1.25，0.1）	1856 年 2 月	（10.2，4.1，1.4）
1855 年 9 月	（6，1.8，1.6）	1856 年 3 月	（7.8，2.8，1.1）

【实验要求】

依据表4-1的数据绘制南丁格尔玫瑰图。其中每个数据的第一个分量代表因疾病导致死亡；第二个分量代表因其他原因死亡；第三个分量代表因受伤导致死亡。主窗体大小为700像素宽，700像素高。画笔宽度为1。为了显示得更加清晰，请用青色（0, 255, 255）表示“因疾病导致的死亡”，用灰色（127, 127, 127）表示“因其他原因导致的死亡”，用品红色（255, 0, 255）表示“因受伤导致的死亡”。

【实验步骤】

运行IDLE软件。在D盘下的“EXEC04_Part2”文件夹中，新建一个Python脚本文件，并命名为“EXEC04_tuozhan04.py”。按题目功能要求，编写程序。

【实现思路】

（1）利用IPO方法对问题进行分块：

- 输入部分：将题目给的数据赋值给相应的变量。
- 处理部分和输出部分：利用for循环实现绘制过程。

（2）因为数据较多且不变，所以采用元组类型组织数据。

（3）从题意分析，因为每一个数据都需用扇形表示，而多次绘制扇形会使代码冗长，所以本例采取为扇形定义函数的方法来简化代码。

（4）对于绘制扇形的函数drawsactor(radius,angle,fillcolor)，drawsactor为函数名，参数radius代表扇形半径，angle代表扇形圆心角角度，fillcolor代表扇形填充颜色。

（5）在画布上绘制的过程中，如果因多次绘制产生重合区域，则新绘制区域会覆盖旧绘制区域。所以，对于每个月的三个扇形的绘制顺序，需要先绘制蓝色扇形，再绘制灰色扇形，最后绘制红色扇形。

实验 5

基本数据类型

5.1 实验目的

1. 掌握数字类型及操作。
2. 掌握字符串类型及操作。
3. 掌握字符串类型的格式化。

5.2 知识巩固

1. 数字类型

（1）具体内容：数字类型的分类、整数类型、浮点数及科学记数法、复数及表示。

（2）详细说明：

① 数字类型的分类：整数、浮点数、复数。

② 整数类型：十进制、二进制、八进制和十六进制。默认情况下，整数采用十进制，其他进制需要增加引导符号。

③ 浮点数及科学记数法：$<a>\mathrm{e}<b> = a \times 10^{b}$。

④ 复数及表示：形如a+bj；对于复数c，c.real可获取实数部分，c.imag可获取虚数部分。

2. 数字类型的操作

（1）具体内容：内置的数值运算操作符，数据类型之间的扩展，内置的数值运算函数，内置的数字类型转换函数。

（2）详细说明：

① 内置的数值运算操作符，见表5-1。

表 5-1 数值运算操作符

操作符	描述
x+y	*x* 与 *y* 之和
x-y	*x* 与 *y* 之差
x*y	*x* 与 *y* 之积
x/y	*x* 与 *y* 之商
x//y	*x* 与 *y* 之整数商，即：不大于 *x* 与 *y* 之商的最大整数

续表

操作符	描述
x%y	x 与 y 之商的余数，也称为模运算
-x	x 的相反数，即 $x\times(-1)$
+x	x 本身
x**y	x 的 y 次幂，即 x^y

② 数据类型之间的扩展：

- 整数—>浮点数—>复数。
- 数字类型之间相互运算所生成的结果是“更宽”的类型。

③ 内置的数值运算函数，见表5-2。

表 5-2　数值运算函数

函数	描述
abs(x)	x 的绝对值
divmod(x,y)	(x//y，x%y)，即输出为二元组形式（也称为元组类型）
pow(x,y,[z])	(x**y)%z，[..] 表示该参数可以省略，即 pow(x,y) 与 x**y 相同
round(x,[ndigits])	对 x 四舍五入，保留 ndigits 位小数。round(x) 返回四舍五入的整数值。注：在 Python 中，round() 函数在处理“.5”的情况时，会采用“银行家舍入法”（Banker’s Rounding 或 Round Half to Even），即当数字正好处于两个整数中间时（如 2.5、3.5），会将其舍入到最近的偶数
max(x_1,x_2…,x_n)	计算 $x_1,x_2,\ldots,x_n$ 的最大值，n 没有限定
min(x_1,x_2,…,x_n)	计算 $x_1,x_2,\ldots,x_n$ 的最小值，n 没有限定

④ 内置的数字类型转换函数，见表5-3。

表 5-3　数字类型转换函数

函数	描述
int(x)	将 x 转换为整数，x 可以是浮点数或字符串
float(x)	将 x 转换为浮点数，x 可以是整数或字符串
complex(re[,im])	生成一个复数，实部为 re，虚部为 im，re 可以是整数、浮点数或字符串，im 可以是整数或浮点数但不能为字符串

3. 字符串类型的表示

（1）具体内容：字符串类型的表示：字符串是字符的序列表示，可以由一对单引号、双引号、三引号构成。

（2）详细说明：

- 单引号：表示单行字符串，单引号可嵌套双引号，双引号作为字符串的一部分。
- 双引号：表示单行字符串，双引号可嵌套单引号，单引号作为字符串的一部分。
- 三引号：三引号可以换行，内部可嵌套单引号和双引号。

4. 字符串类型的操作

（1）具体内容：字符串操作符，内置的字符串处理函数，内置的字符串处理方法。

（2）详细说明：

① 字符串操作符，见表5-4。

表5-4　字符串操作符

操　作　符	描　　述
x+y	连接两个字符串 x 与 y
x*n 或 n*x	复制 n 次字符串 x
x in s	如果 x 是 s 的子串，返回 True，否则返回 False
str[i]	索引，返回第 i 个字符
str[N:M]	切片，返回索引第 N 到 M 的子串，其中不包含 M
str[N:M:K]	切片，返回索引第 N 到 M 步长为 K 的子串，其中不包含 M，步长为正，从左至右取，步长为负，从右至左取

② 内置的字符串处理函数，见表5-5。

表5-5　字符串处理函数

函　　数	描　　述
len(x)	返回字符串 x 的长度，也可返回其他组合数据类型元素的个数
str(x)	返回任意类型 x 对应的字符串形式
chr(x)	返回 Unicode 编码 x 对应的字符
ord(x)	返回单字符 x 对应的 Unicode 编码

③ 内置的字符串处理方法，见表5-6。

表5-6　字符串处理方法

方　　法	描　　述
str.lower()	返回字符串 str 的副本，全部字符小写
str.upper()	返回字符串 str 的副本，全部字符大写
str.split(sep=None, maxsplit=-1）	返回一个列表，由 str 根据 sep 被分割的部分构成
str.replace(old,new[，count])	返回字符串 str 的副本，所有 old 子串被替换为 new 字符串，如果 count 给出，则前 count 次 old 出现被替换

5. 字符串类型的格式化

（1）具体内容：format()方法的基本使用，format()方法的格式控制。

（2）详细说明：

① format()方法的基本使用：

- 基本使用方法：<模板字符串>.format(<逗号分隔的参数>)。
- <模板字符串>使用大括号作为占位符。

② 占位符的格式为：{<参数序号>:<格式控制标记>}。其中<参数序号>表示参数的位置；<格式控制标记>用于控制参数的具体格式，包括<填充><对齐><宽度>等六个部分，这几个部分可以单独选用，也可以组合使用，详见表5-7。

表 5-7　format() 的格式控制方法

:	<填充>	<对齐>	<宽度>	<,>	<.精度>	<类型>
引导符号	用于填充的单个字符	<表示左对齐 >表示右对齐 ^表示居中对齐	槽的设定输出宽度	数字的千位分隔符，适用于整数和浮点数	浮点数小数部分的精度 或 字符串的最大输出长度	整数类型 b,c,d,o,x,X 浮点数类型 e,E,f,%

5.3　实验内容

5.3.1　基础实验

实验5-1：掌握内置的字符串处理函数 chr() 和 ord() 的用法

【实验要求】

在IDLE控制台中运行命令并思考运行结果。

【实验步骤】

运行IDLE软件。在IDLE控制台中分别运行命令并思考运行结果。

【参考程序及运行结果】

```
>>>chr(72)
'H'
>>>type(chr(50))
<class 'str'>
>>>ord('a')
97
>>>ord('我')
25105
```

【实验解析】

（1）chr(x)是一个内置函数，它返回Unicode码x对应的字符串。参数可以是十进制，也可以是十六进制的形式的数字，数字范围为0到1 114 111（十六进制为0x10FFFF）。

（2）chr(x)函数返回的是一个字符串，而不是一个字符。在Python 3中，即使只返回了一个字符，其类型仍然是一个字符串。

（3）ord()函数是chr()函数的逆操作，ord()函数以一个字符作为参数，并返回其对应的Unicode编码。

实验5-2：掌握内置的数字类型转换函数int()和float()的用法

【实验要求】

在IDLE控制台中运行命令并思考运行结果。

【实验步骤】

运行IDLE软件。在IDLE控制台中输入以下命令。

【参考程序】

```
>>>int()
>>>int(11.53)
```

```
>>>int(-9.9)
>>>int('5')
>>>int('11.53')
>>>int('-4')
>>>float()
>>>float(5)
>>>float('5')
>>>float ('5.67')
>>>float ('inf')
```

【运行结果】

```
>>>int()          #int(x)函数如果不给定参数则返回0。
0
>>>int(11.53)
11
>>>int(-9.9)      #int(x)截取数字x的整数部分。
-9
>>>int('5')       #int(x)函数将整数字符串转换为整数。
5
>>>int('11.53')  #int(x)函数的参数不接收带小数的数字字符串。
Traceback (most recent call last):
  File "<pyshell#1>", line 1, in <module>
int('11.53')
ValueError: invalid literal for int() with base 10: '11.53'
>>>int('-4')
-4
>>>float()        #float(x) 函数如果不给定参数则返回0.0。
0.0
>>>float(5)       #float(x) 函数将x转换为浮点数，x可以是整数或字符串。
5.0
>>>float('5')
5.0
>>>float('5.67')
5.67
>>>float('inf')  #float('inf')，inf不区分大小写，用于表示一个无限大的浮点数。
inf
```

实验5-3：掌握基本的字符串及内置字符串处理函数

【实验要求】

在IDLE控制台中运行命令并思考运行结果。

【实验步骤】

运行IDLE软件。在IDLE控制台中输入以下命令并思考运行结果。

【参考程序】

```
>>>s='Python'
>>>s[0]
>>>s[0]='e'
>>>'Python'[0]
>>>s[-1]
```

```
>>>s[6]
>>>s[6:]
>>>s[2:4]
>>>s[2:]
>>>s[:2]
>>>s[:]
>>>s[::2]
>>>s[::-1]
>>>s*3
>>>s+3
>>>s+"3"
>>>'th' not in s
>>>len("我爱Python")
>>>"hello,"+s
```

【运行结果】

```
>>>s='Python'
>>>s[0]             #索引s的第一个字符
'P'
>>>s[0]='e'         #字符串属于不可变序列类型，不支持字符串修改
Traceback (most recent call last):
  File "<pyshell#12>", line 1, in <module>
s[0]='e'
TypeError: 'str' object does not support item assignment
>>>'Python'[0]      #索引字符串的第一个字符
'P'
>>>s[-1]            #索引字符串从右向左数第一个字符
'n'
>>>s[6]             #报错，下标超出范围
Traceback (most recent call last):
  File "<pyshell#5>", line 1, in <module>
s[6]
IndexError: string index out of range
>>>s[6:]            #与字符串索引不同，切片操作不会因为下标越界而出现异常，而是简
''                  #单地返回一个空字符串
>>>s[2:4]           #字符串切片，包含起始下标，但不包含结束下标
'th'
>>>s[2:]            #从下标为2的字符开始，一直取到结尾
'thon'
>>>s[:2]            #从开头取到下标是2之前的字符，不包括2
'Py'
>>>s[:]             #取字符串中全部字符
'Python'
>>>s[::2]           #以步长值为2（默认是1）输出字符串中的字符
'Pto'
>>>s[::-1]          #步长为负-1，表示自右向左依次取出字符串内所有字符
'nohtyP'
>>>s*3              #字符串复制3遍
'PythonPythonPython'
>>>s+3              # "+" 运算符不支持不同类型对象之间的连接
```

```
Traceback (most recent call last):
  File "<pyshell#16>", line 1, in <module>
    s+3
TypeError: can only concatenate str (not "int") to str
>>>s+"3"          #改正为字符串之间的连接
'Python3'
>>>'th' not in s #若 "th" 不是字符串s的子串，返回True；若是s的子串，则返回False
False             #因为s="Python"，而 'th' 是s的一个子串，所以结果为False
>>>len("我爱Python")  #计算字符串长度。无论数字字符、英文字符、汉字都按1个字符处理
8
>>>"hello,"+s     #用 "+" 运算符进行字符串连接运算
'hello,Python'
```

实验5-4：掌握内置的字符串处理方法

【实验要求】

校验用户输入的字符串是否都是小写字符。

【实验步骤】

运行IDLE软件。在D盘下新建一个文件夹，命名为“EXEC05_Part2”。在“D:\EXEC05_Part2”文件夹下，新建一个Python脚本文件，并将其命名为“EXEC05_jichu01.py”。

【参考程序】

```
'''
文件名称：EXEC05_jichu01.py
题目内容：校验用户输入的字符串是否都是小写字符。
'''
#输入部分
s =input("请输入一个全是小写字符的字符串：")
#处理部分和输出部分
#判断输入的字符串是否都是小写字符。若存在大写字符，提示输入有误，并将其转换为小写字符
if s.islower():
    print("输入正确！")
else:
    s = s.lower()
    print("你应该输入正确的小写字符串。正确的输入应为：", s)
```

【运行结果】

```
请输入一个全是小写字符的字符串：Hello, Python 3
你应该输入正确的小写字符串。正确的输入应为：hello, python 3
```

【实验解析】

（1）字符串的islower()方法用于检查该字符串中的所有字符是否都是小写字符。如果字符串中的所有字符都是小写字符，则返回True，否则返回False。

（2）字符串的lower()方法只能将大写字符转换为小写字符，对于数字、标点符号、特殊字符等其他字符没有影响。

（3）注：字符串的lower()方法不会改变原始字符串，而是返回一个新的字符串，因此必须将转换后的字符串再次赋值给字符串变量s。

实验5-5：掌握内置字符串处理方法及特殊的格式化控制字符

【实验要求】

用制表符替换每个逗号，并输出结果。

【实验步骤】

运行IDLE软件。在“D:\EXEC05_Part2”文件夹下，新建一个Python脚本文件，并将其命名为“EXEC05_jichu02.py”。

【参考程序】

```
'''
文件名称：EXEC05_jichu02.py
题目内容：用制表符替换每个逗号，并输出结果。
'''
#输入部分
#定义字符串变量
line1="学号,姓名,语文,数学,英语"
line2="2024001,小张,99,88,79"
line3="2024002,小王,89,69,88"
#处理部分和输出部分
#制表符替换每个逗号，并输出结果
print(line1.replace(',','\t'))
print(line2.replace(',','\t'))
print(line3.replace(',','\t'))
```

【运行结果】

```
学号      姓名    语文    数学    英语
2024001   小张    99      88      79
2024002   小王    89      69      88
```

【实验解析】

（1）首先初始化三个字符串，每一行的数据之间使用逗号进行分隔。

（2）使用字符串的replace()方法将字符串中的逗号都替换成制表符'\t'。

（3）输出转换后的字符串。

实验5-6：掌握内置数值运算符round()函数

【实验要求】

在IDLE控制台中运行命令并思考运行结果。

【实验步骤】

运行IDLE软件。在IDLE控制台中输入以下命令并思考运行结果。

【参考程序及运行结果】

```
>>>round(1.14,1)
1.1
>>>round(1.16,1)
1.2
>>>round(1.25,1)
1.2
```

```
>>>round(1.35,1)
1.4
>>>round(1.45,1)
1.4
>>>round(1.55,1)
1.6
>>>round(1.15,1)
1.1
>>>round(2.675,2)
2.67
```

【实验解析】

（1）在Python3中，round(x[, n]）对数值x保留n位小数的功能采用四舍六入五留双的算法。若小数点后面第$n+1$位的数小于或等于4，则直接舍弃第n位后面的部分；若小数点后面第$n+1$位的数大于或等于6，则第n位加1，然后截掉第n位后面的部分；若第$n+1$位数字等于5，且后面还有不为0的数字时，无论第n位数字是奇数或是偶数都加1；若第$n+1$位数字等于5，且后面没有数字时，分为以下两种情况：

- 如果n位数字为偶数，则不进位。
- 如果n位数字为奇数，则进位。

（2）round(1.15,1)应该返回1.2，round(2.675,2)应该返回2.68。但实际情况并非如此。这是浮点数在计算机中表示时精度有限导致的。

5.3.2 程序改错练习

实验5-7：掌握字符串比较

【实验要求】

思考程序运行结果，指出程序的错误原因并改正。

【实验步骤】

运行IDLE软件。在IDLE控制台中输入参考程序语句，并观察运行结果。对参考程序进行分析，并按本实验的功能要求改正程序中出现的错误。运行改正后的程序。

【参考程序】

```
>>>'abcae'<'abcAb'
False
>>>a>'我'
Traceback (most recent call last):
  File "<pyshell#2>", line 1, in <module>
    a>'我'
NameError: name 'a' is not defined
>>>'a'>0
Traceback (most recent call last):
  File "<pyshell#4>", line 1, in <module>
    'a'>0
TypeError: '>' not supported between instances of 'str' and 'int'
```

【实验解析】

（1）字符串的比较，是通过从左到右依次比较各字符串相同位置上每个字符的ASCII编码的大小来实现字符串之间的大小比较的，直到找到第一个不同的字符为止，这个位置上不同字符的编码大小就决定了整个字符串的大小。

（2）尝试运行第二、第三个指令后，弹出语法错误的报错信息。错误原因：若要利用关系运算符比较大小，首先要保证操作数之间是可比较大小的。第一个错误：NameError: name 'a' is not defined，由于a没加引号，被系统视为一个变量，而该变量在本行之前没有被赋值过，所以系统提示该变量没有被定义。第二个错误：TypeError: '>' not supported between instances of 'str' and 'int'，表示字符串和数字之间不可比较大小。

（3）改正思路：第一个错误，对变量a先进行赋值，而其值也必须为字符串类型；第二个错误：对数字0用成对的单引号、双引号或三引号（三个单引号或三个双引号）作为定界符括起来，使之成为字符串类型的数据，再比较大小。

【参考答案及运行结果】

```
>>>a='a'
>>>a>'我'
False
>>>'a'>'0'
True
```

实验5-8：掌握字符串中引号的转义

【实验要求】

思考程序运行结果，指出程序的错误原因，并改正。

【实验步骤】

运行IDLE软件。在IDLE控制台中输入以下程序语句，并观察运行结果。

【参考程序及运行结果】

```
>>>print('Let's go !')

SyntaxError: invalid syntax
```

【实验解析】

（1）尝试运行程序后，弹出语法错误的报错信息“SyntaxError: invalid syntax”。

（2）错误原因：代码中的字符串包含了单引号，同时使用单引号作为边界符。

（3）在实验3-9中曾经用改变字符串两边的定界符来改正错误。本例将采用另一种方法解决这个错误。

（4）改正思路：在字符串内单引号的前面添加特殊的格式化控制字符 '\' 来输出特殊的“单引号”，即输出时，让系统将 " \' " 转义为一个“单引号”再输出。

【参考答案及运行结果】

```
>>>print("Let's go !")    # 实验3-9的方法
Let's go !
>>>print('Let\'s go !')
Let's go !
```

实验5-9：计算圆锥的体积

【实验要求】

输入圆锥的底面半径和高，计算并输出该圆锥的体积（π取3.14，结果保留两位小数）。

【实验步骤】

运行IDLE软件。打开“D:\EXEC05_Part1\EXEC05_gaicuo01.py”文件。对参考程序进行分析，并按本实验的功能要求改正程序中出现的错误。将改正后的程序另存在“D:\EXEC05_Part2”文件夹下，并将文件名命名为“EXEC05_gaicuo01_daan.py”。

【参考程序】

```
'''
文件名称：EXEC05_gaicuo01.py
题目内容：输入圆锥的底面半径和高，计算并输出该圆锥的体积。
'''
#输入部分
r=eval(input("请输入圆锥的底面半径："))
h=eval(input("请输入圆锥的高：")
pi=3.4
#处理部分
v=pi*r*r*h/3
#输出部分
print("结果为：{:.1f}".format(v))
```

【实验解析】

（1）尝试运行程序，程序提示“invalid syntax”错误，并且光标停留在第7行。

（2）语法错误原因：经检查，程序的第7行的括号没有匹配，在行的末尾缺少了一个右括号。

（3）改正思路：在第7行末尾补全右括号。此外，在以后的编程过程中，在输入成对出现的括号、引号等内容时，应先输入成对的符号，然后再在括号或引号内填入相应的内容。

（4）改正错误后，运行程序，半径输入1，高输入2，结果为2.3，与正确的结果2.09不同，程序出现了语义错误。

（5）错误原因：经第二次检查，会发现变量pi的赋值错误。而且输出部分的结果只保留了一位小数，根据题意应该保留两位小数，不符合题意的要求。

（6）改正思路：将变量pi赋值为3.14。最后一行的占位符中，改为{:.2f}。

【参考答案】

```
'''
文件名称：EXEC05_gaicuo01_daan.py
题目内容：输入圆锥的底面半径和高，计算并输出该圆锥的体积。
'''
#输入部分
r=eval(input("请输入圆锥的底面半径："))
h=eval(input("请输入圆锥的高："))
pi=3.14
#处理部分
v=pi*r*r*h/3
```

```
#输出部分
print("结果为：{:.2f}".format(v))
```

【运行结果】

```
请输入圆锥的底面半径：1
请输入圆锥的高：2
结果为：2.09
```

5.3.3 补全程序练习

实验5-10：计算天津小型新能源汽车牌照数

【实验要求】

（1）近些年来，新能源汽车的发展十分迅速，天津地区新能源汽车的数量也越来越多。请根据天津小型新能源汽车牌照编码规则，计算并输出天津地区小型新能源汽车牌照能涵盖的总数。

（2）天津小型新能源汽车牌照编码规则：牌照由七位字符组成；第1位为D或F（D代表纯电动新能源汽车，F代表非纯电动新能源汽车）；第2位至第7位每一位的可用字符为A～Z或0～9（共36种可能），例如：津D1A35XX。

【实验步骤】

打开“D:\EXEC05_Part1\EXEC05_buquan01.py”文件。分析参考程序，并按本实验功能要求补全两行星号之间的程序。将补全后的程序另存在“D:\EXEC05_Part2”文件夹下，并将文件名命名为“EXEC05_buquan01_daan.py”。

【参考程序】

```
'''
文件名称：EXEC05_buquan01.py
题目内容：计算并输出天津小型新能源汽车牌照可涵盖汽车数。
'''
#输入部分
n1=2        #n1代表第1位字符可取值的数目，即D或者F，共2种可能
n2=36       #n2代表第2至第7位字符中每一位的可能性，即A～Z或0～9，共36种可能
#处理部分
#**************


#**************
#输出部分
print("天津小型新能源汽车牌照可涵盖的汽车数为：{}个。".format(total))
'''
期待的运行结果如下：
天津小型新能源汽车牌照可涵盖的汽车数为：4353564672个。
'''
```

【实现思路】

（1）通过两行星号所在位置可以得知，要补全的部分是处理部分的代码。

（2）根据输出部分的代码可以得知，需要将计算结果存放在变量total中。

（3）在计算total时，可以利用pow()函数进行计算。

【参考答案】

```
'''
文件名称：EXEC05_buquan01_daan.py
题目内容：计算并输出天津小型新能源汽车牌照可涵盖汽车数。
'''
#输入部分
n1=2              #n1代表第1位字符，即D或者F
n2=36             #n2代表第2至第7位字符中每一位的可能性，即A～Z或0～9，共36种可能
#处理部分
#**************
total=n1*pow(n2,6)
#**************
#输出部分
print("天津小型新能源汽车牌照可涵盖的汽车数为：{}个。".format(total))
```

【运行结果】

```
天津小型新能源汽车牌照可涵盖的汽车数为：4353564672个。
```

【实验解析】

本题因为有幂运算，也可以利用"**"运算符计算，即用total = n1 * (n2**6)计算。

实验5-11：计算天天向上结果

【实验要求】

输入每日变化参数，计算并输出365天后，天天向上或天天向下的数值（结果保留两位小数）。

【实验步骤】

打开“D:\EXEC05_Part1\EXEC05_buquan02.py”文件。分析程序，并按本实验功能要求补全两行星号之间的程序。将补全后的程序另存在“D:\EXEC05_Part2”文件夹下，并将文件名命名为“EXEC05_buquan02_daan.py”。

【参考程序】

```
'''
文件名称：EXEC05_buquan02.py
题目内容：输入每日变化参数，计算并输出365天后，天天向上或天天向下的数值。
'''
#输入部分
dayfactor=eval(input("请输入每日变化参数："))
#处理部分
#**************

#**************
#输出部分
print("向上：{:.2f}，向下：{:.2f}。".format(dayup,daydown))
'''
期待的运行结果如下：
请输入每日变化参数：0.01
向上：37.78，向下：0.03。
'''
```

【实现思路】

（1）通过两行星号所在位置可以得知，要补全的部分是处理部分的代码。

（2）根据输出部分的代码，将计算结果存放在变量dayup和daydown中。

（3）在计算dayup和daydown时，可以利用pow()函数进行计算。

【参考答案】

```
'''
文件名称：EXEC05_buquan02_daan.py
题目内容：输入每日变化参数，计算并输出365天后，天天向上或天天向下的数值。
'''
#输入部分
dayfactor=eval(input("请输入每日变化参数："))
#处理部分
#**************
dayup= pow((1+dayfactor),365)
daydown=pow((1-dayfactor),365)
#**************
#输出部分
print("向上：{:.2f}，向下：{:.2f}。".format(dayup,daydown))
```

【运行结果】

```
请输入每日变化参数：0.01
向上：37.78，向下：0.03。
```

【实验解析】

（1）本题利用{:.2f}方法将结果保留两位小数。

（2）从本题亦可以看出，每日比前一日努力多一点点，一段时间以后，效果会非常惊人！

实验5-12：统计碱基数量

【实验要求】

已知某DNA一条链的一个片段中的碱基序列是“ATTCAGCTGCCAACGGTTACCG”，计算和输出碱基的总数量和每种碱基的个数。

【实验步骤】

打开“D:\EXEC05_Part1\ EXEC05_buquan03.py”文件。分析程序，并按本实验功能要求补全两行星号之间的程序。将补全后的程序另存在“D:\EXEC05_Part2”文件夹下，并将文件名命名为“EXEC05_buquan03_daan.py”。

【参考程序】

```
'''
文件名称：EXEC05_buquan03.py
题目内容：已知某DNA单链的一个片段中的碱基序列，计算和输出碱基的总数量和每种碱基的个数。
'''
#输入部分
data="ATTCAGCTGCCAACGGTTACCG"
#处理部分
#**************
```

```
#**************
#输出部分
print("该片段共有{}个碱基。".format(data_num))
print("碱基A共：{}个。".format(A_num))
print("碱基T共：{}个。".format(T_num))
print("碱基C共：{}个。".format(C_num))
print("碱基G共：{}个。".format(G_num))
'''
期待的运行结果如下：
该片段共有22个碱基。
碱基A共：5个。
碱基T共：5个。
碱基C共：7个。
碱基G共：5个。
'''
```

【实现思路】

（1）通过两行星号所在位置可以得知，要补全的部分是处理部分的代码。

（2）根据输出部分的代码，将计算结果分别存放在变量data_num、A_num、T_num、C_num和G_num中。

（3）因为数据以字符串的形式已保存在变量data中，所以可以利用len()函数计算碱基总数量，可以利用data.count()方法计算各种碱基的数量。

【参考答案】

```
'''
文件名称：EXEC05_buquan03_daan.py
题目内容：已知某DNA单链的一个片段中的碱基序列，计算和输出碱基的总数量和每种碱基的个数。
'''
#输入部分
data="ATTCAGCTGCCAACGGTTACCG"
#处理部分
#**************
data_num=len(data)
A_num=data.count('A')
T_num=data.count('T')
C_num=data.count('C')
G_num=data.count('G')
#**************
#输出部分
print("该片段共有{}个碱基。".format(data_num))
print("碱基A共：{}个。".format(A_num))
print("碱基T共：{}个。".format(T_num))
print("碱基C共：{}个。".format(C_num))
print("碱基G共：{}个。".format(G_num))
```

【运行结果】

```
该片段共有22个碱基。
碱基A共：5个。
碱基T共：5个。
```

```
碱基C共：7个。
碱基G共：5个。
```

【实验解析】

（1）对医学数据进行处理时，如碱基序列等信息，多用字符串的形式进行存储和处理。

（2）data.count()方法属于选学内容，该方法大家了解即可。

（3）当医学数据非常多时，常常先用文件的形式存放数据，再利用Python语言文件操作的函数和方法对数据进行读取和操作。具体参见实验14中的内容。

5.3.4 能力拓展

实验5-13：单词排序

扫一扫

实验5-13
参考答案等

【实验要求】

（1）题目功能：对输入的单词按字典顺序排序。

（2）格式要求：输入三个单词，以逗号分隔，输出按照字母顺序排序的三个单词。

【实验步骤】

运行IDLE软件。在D盘下的“EXEC05_Part2”文件夹中，新建一个Python脚本文件，并命名为“EXEC05_tuozhan01.py”。按题目功能要求，编写程序。

【实现思路】

（1）用input()函数直接输入三个单词。

（2）使用字符串split()方法拆分字符串。

（3）拆分后的单词分别复制给三个变量。

（4）对三个变量利用if语句进行排序，并打印输出。

实验5-14：计算成年男性体脂率

扫一扫

实验5-14
参考答案等

【实验要求】

（1）题目内容：输入一位成年男子的腰围（单位：厘米）和体重（单位：千克），计算并输出该男子的体脂率（结果保留两位小数）。

（2）计算公式：

① 参数a = 腰围（厘米）× 0.74

② 参数b = 体重（千克）× 0.082+44.74

③ 身体脂肪重量（千克）= 参数a – 参数b

④ 体脂率 =（身体脂肪总重量/体重）× 100%

【实验步骤】

运行IDLE软件。在D盘下的“EXEC05_Part2”文件夹中，新建一个Python脚本文件，并命名为“EXEC05_tuozhan02.py”。按题目功能要求，编写程序。

【实现思路】

（1）利用IPO方法对问题进行分块：

- 输入部分：输入腰围和体重。

- 处理部分：根据公式分别计算参数a和参数b，再计算体脂率。
- 输出部分：按格式要求输出结果。

（2）利用print()函数输出结果。

实验5-15：输出第二条DNA碱基链

【实验要求】

已知某生物DNA双链中一个片段的碱基序列是“ATTCAGCTGCCAACGGTTACCG”，计算并输出该碱基序列对应的另一条DNA链的碱基序列。

扫一扫

实验5-15
参考答案等

【实验步骤】

运行IDLE软件。在D盘下的“EXEC05_Part2”文件夹中，新建一个Python脚本文件，并命名为“EXEC05_tuozhan03.py”。按题目功能要求，编写程序。

【实现思路】

（1）利用IPO方法对问题进行分块：

- 输入部分：将碱基序列赋值到字符串中。
- 处理部分：根据碱基对应规律，将序列中的碱基进行替换，替换结果的形式为小写字符。最后，再将替换的结果转换为大写字符。
- 输出部分：输出结果。

（2）利用print()函数输出结果。

实验5-16：计算中国纪年

【实验要求】

扫一扫

实验5-16
参考答案等

已知 1980 年的干支纪年是庚申年，输入一个年份，输出该年的纪年。

干支纪年说明：干支纪年是中国最古老的历法系统之一（商朝甲骨文已有记载）。由十天干（甲、乙、丙、丁、戊、己、庚、辛、壬、癸）和十二地支（子、丑、寅、卯、辰、巳、午、未、申、酉、戌、亥）组合而成，形成60年一个循环的周期，称为“六十甲子”。“甲午战争”（公历年份：1894年）、“戊戌变法”（公历年份：1898年）等事件，表明干支纪年是中国近代史的见证符号。

干支纪年的计算方法可通过已知年份为锚点（如1980年是庚申年），天干从“庚”开始，地支从“申”开始推断其他年份。

【实验步骤】

运行IDLE软件。在D盘下的“EXEC05_Part2”文件夹中，新建一个Python脚本文件，并命名为“EXEC05_tuozhan04.py”。按题目功能要求，编写程序。

【实现思路】

（1）利用IPO方法对问题进行分块：

- 输入部分：将1980年的纪年、天干地支信息赋值到字符串中，再利用input()语句获取需要计算的年份。
- 处理部分：根据输入的年份及1980年的信息，计算新输入年份的纪年。
- 输出部分：输出结果。

（2）利用两个字符串分别存放天干和地支信息。

（3）利用余数计算新输入年份的天干和地支对应的序号。

实验 6

math 库及应用

6.1 实验目的

1. 了解math库的三角函数。
2. 熟悉math库的高等特殊函数。
3. 掌握引入math库的两种方法。
4. 掌握math库的数学常数。
5. 掌握math库的5个数值表示函数。
6. 掌握math库的3个幂对数函数。

6.2 知识巩固

1. 引入 math 库的两种方法

（1）具体内容：math库是Python系统的内部函数库之一，必须在程序中引入math库之后，才可以使用math库内的各种资源。

（2）详细说明：使用import系统保留字可以将math库引入。两种常见的将math库全部资源引入的方法为：

① 第一种是import math。

② 第二种是from math import *。

2. math 库的数学常数

（1）具体内容：math库提供了四个常用的数学常数。

（2）详细说明：

① math.pi表示圆周率，其值为3.141592653589793。

② math.e表示自然对数，其值为2.718281828459045。

③ math.inf表示正无穷大，-math.inf为负无穷大。

④ math.nan表示非浮点数标记，即Not a Number。

3. math.fabs(x) 函数

（1）具体内容：该函数的作用是返回x的绝对值。

（2）详细说明：

① math库也提供了绝对值函数math.fabs()。若参数x为整数或浮点数，该函数和Python

系统内置函数abs()的功能相同，都是计算x的绝对值。

② math.fabs()函数返回值的类型为浮点数类型。

③ math.fabs()函数中，参数x不能为复数类型，否则系统会提示错误。

4. math.fmod(x,y) 函数

（1）具体内容：该函数的作用是计算$x \div y$的模，即$x \div y$的余数。

（2）详细说明：

① 参数x和参数y一般为整数类型，否则该计算将失去原有意义。

② math.fmod()函数返回值的类型为浮点数类型。

5. math.fsum([x,y,…]) 函数

（1）具体内容：该函数的作用是浮点数精确求和。

（2）详细说明：

① 该函数计算$x+y+\cdots$等浮点数的和。计算机利用二进制表示十进制的小数时，只能近似表示，所以在Python系统中的浮点数在表示和计算时，会有一个微小的误差，利用math.fsum()函数可以精确求和，进而得到准确结果。

② 参数为列表类型，即所有参数的前后需要用中括号界定。

③ math.fmod()函数返回值的类型为浮点数类型。

6. math.ceil(x) 函数

（1）具体内容：该函数的作用是向上取整，返回不小于x的最小整数。

（2）详细说明：

① 在日常计算中，有时需要对小数进行取整。常用取整方法有四舍五入、向上取整、向下取整、向零取整。

② math.ceil()函数功能是向上取整。

③ math.ceil()函数返回值的类型为整数类型。

7. math.floor(x) 函数

（1）具体内容：该函数的作用是向下取整，返回不大于x的最大整数。

（2）详细说明：math.floor()函数功能是向下取整，函数返回值的类型为整数类型。

8. math.pow(x,y) 函数

（1）具体内容：该函数的作用是计算并返回x的y次幂。

（2）详细说明：

① math库也提供了计算幂次的函数，即math.pow()，该函数与Python系统自带的pow()函数用法相同。

② math.pow()函数返回值的类型为浮点数类型。

9. math.exp(x) 函数

（1）具体内容：该函数的作用是计算并返回自然对数e的x次幂。

（2）详细说明：

① math.exp()函数返回值的类型为浮点数类型。

② 在Python语言中，科学记数法中也使用到了字符e，程序编写者要区分不同计算表达式的真实含义。例如：a=4e3，变量a中的值实际为4×10^3，而不是$4 \times e^3$。

10. math.sqrt(x) 函数

（1）具体内容：该函数的作用是计算并返回数值 x 的平方根。

（2）详细说明：

① 参数x范围为非负数，即x≥0。

② math.sqrt()函数返回值的类型为浮点数类型。

6.3 实验内容

6.3.1 基础实验

实验6-1：掌握math库数值函数的用法

【实验要求】

在IDLE控制台中运行命令并观察结果。

【实验步骤】

运行IDLE软件。在IDLE控制台中分别运行以下命令，并观察结果。

【参考程序】

```
>>>import math
>>>math.fabs(-3)
>>>math.fmod(100,8)
>>>math.fsum([1.5,2,4,8.3])
>>>math.ceil(5.99)
>>>math.ceil(-8.67)
>>>math.floor(4.5)
>>>math.floor(-9.1)
```

【运行结果】

```
3.0
4.0
15.8
6
-8
4
-10
```

【实验解析】

（1）利用import math在程序内引入math库。

（2）math.fabs(-3)即计算-3的绝对值，而该函数的返回值为浮点数，所以结果为3.0。

（3）math.fmod(100,8)即计算100 ÷ 8的余数，该函数的返回值为浮点数，所以结果为4.0。

（4）math.fsum([1.5,2,4,8.3])即精确计算1.5, 2.4和8.3的和，结果为15.8。

（5）math.ceil(5.99)即对5.99向上取整，所以结果为6；math.ceil(-8.67)即对-8.67向上取整，所以结果为-8。

（6）math.floor(4.5)即对4.5向下取整，所以结果为4；math.floor(-9.1)即对-9.1向下取整，所以结果为-10。

实验6-2：掌握math库幂对数函数的用法

【实验要求】

在IDLE控制台中运行命令并观察结果。

【实验步骤】

运行IDLE软件。在IDLE控制台中分别运行以下命令，并观察结果。

【参考程序】

```
>>>import math
>>>math.pow(-4,3)
>>>math.exp(5)
>>>math.sqrt(64)
```

【运行结果】

```
-64.0
148.4131591025766
8.0
```

【实验解析】

（1）math.pow(-4,3)即计算$(-4)^3$的值，而该函数的返回值为浮点数，所以结果为-64.0。

（2）math.exp(5)即计算e^5的值，该函数的返回值为浮点数，结果为148.4131591025766。

（3）math.sqrt(64)即计算$\sqrt{64}$的值，而该函数的返回值为浮点数，所以结果为8.0。

实验6-3：计算一元二次函数的根

【实验要求】

已知方程$3x^2-8x+2=0$, 计算该方程的两个根（结果保留两位小数）。

【实现思路】

（1）采用IPO方法对问题进行分块，即将问题分解为输入、处理和输出三个部分，从而简化问题。

（2）引入math库，利用math库相应函数进行计算。

【实验步骤】

运行IDLE软件。在D盘下新建一个文件夹，命名为“EXEC06_Part2”。在“D:\EXEC04_Part2”文件夹下，新建一个Python脚本文件，并将其命名为“EXEC06_jichu01.py”。

【参考程序】

```
'''
文件名称：EXEC06_jichu01.py
题目内容：利用math库计算一元二次方程的根。
'''
#引入 math 库
import math
#输入部分
a=3
b=-8
c=2
#处理部分
```

```
    delta=math.pow(b,2)-4*a*c    #也可以写成 delta=b**2-4*a*c 或 delta=pow(b,2)-4*a*c
    x1=(-b+math.sqrt(delta))/(2*a)
    x2=(-b-math.sqrt(delta))/(2*a)
    #输出部分
    print("x1={:.2f}, x2={:.2f}".format(x1,x2))
```

【运行结果】

```
x1=2.39, x2=0.28
```

【实验解析】

（1）利用math.pow()函数进行幂运算。

（2）利用math.sqrt()函数进行平方根运算。

实验6-4：计算函数的值

【实验要求】

已知函数$y=\frac{e^{\sqrt{x}}-e^{-\sqrt{x}}}{e^{\sqrt{x}}+e^{-\sqrt{x}}}$，计算当$x$=5时$y$的值（结果保留两位小数）。

【实现思路】

（1）采用IPO方法对问题进行分块，即将问题分解为输入、处理和输出三个部分，从而简化问题。

（2）引入math库，利用math库相应函数进行计算。

【实验步骤】

运行IDLE软件。在“D:\EXEC04_Part2”文件夹下，新建一个Python脚本文件，并将其命名为“EXEC06_jichu02.py”。

【参考程序】

```
'''
文件名称：EXEC06_jichu02.py
题目内容：利用math库计算复杂函数的值。
'''
#引入math库
import math
#输入部分
x=5
#处理部分
p1=math.exp(math.sqrt(x))
p2= math.exp(-math.sqrt(x))
y=(p1-p2)/(p1+p2)
#输出部分
print("y={:.2f}".format(y))
```

【运行结果】

```
y=0.98
```

【实验解析】

利用math.exp()函数和math.sqrt()函数分别计算相关部分。

6.3.2　补全程序练习

实验6-5：利用海伦公式计算三角形的面积

【实验要求】

（1）输入三角形的三条边长a，b和c，且三条边长同时满足两边之和大于第三边，两边之差小于第三边（结果保留两位小数）。

（2）利用海伦公式计算由这三条边构成的三角形的面积。

（3）计算公式：$s=(a+b+c)/2$，area=$\sqrt{s(s-a)(s-b)(s-c)}$。

【实验步骤】

打开“D:\EXEC06_Part1\ EXEC04_buquan01.py”文件。分析程序，并按本实验功能要求补全两行星号之间的程序。将补全后的程序另存在“D:\EXEC06_Part2”文件夹下，并将文件名命名为“EXEC06_buquan01_daan.py”。

【参考程序】

```
'''
文件名称：EXEC06_buquan01.py
题目内容：输入三角形的三条边长a，b和c
且三条边长同时满足两边之和大于第三边，两边之差小于第三边。
利用海伦公式计算由这三条边构成的三角形的面积。
结果保留两位小数
'''
#引入 math 库
import math

#输入部分
a=eval(input("请输入a边长："))
b=eval(input("请输入b边长："))
c=eval(input("请输入c边长："))
#处理部分
#**************

#**************
#输出部分
print("三角形的面积为：{:.2f}".format(area))
'''
期待的运行结果如下：
请输入a边长：3
请输入b边长：4
请输入c边长：5
三角形的面积为：6.00
'''
```

【实现思路】

（1）通过两行星号所在位置可以得知，要补全的部分是处理部分的代码。

（2）根据题目所给公式分别计算s和area。

（3）在计算area时，可以利用math.sqrt()函数进行计算。

【参考答案】

```
'''
文件名称：EXEC06_buquan01_daan.py
题目内容：输入三角形的三条边长a，b和c
且三条边长同时满足两边之和大于第三边，两边之差小于第三边。
利用海伦公式计算由这三条边构成的三角形的面积。
结果保留两位小数
'''
#引入 math 库
import math

#输入部分
a=eval(input("请输入a边长："))
b=eval(input("请输入b边长："))
c=eval(input("请输入c边长："))
#处理部分
#**************
s=(a+b+c)/2
area=math.sqrt(s*(s-a)*(s-b)*(s-c))
#**************
#输出部分
print("三角形的面积为：{:.2f}".format(area))
```

【运行结果】

```
请输入a边长：3
请输入b边长：4
请输入c边长：5
三角形的面积为：6.00
```

【实验解析】

（1）题目中的math.sqrt()函数中括号较多，程序编写者一定要注意括号的匹配问题。

（2）本题的输入仅考虑三条边都满足条件的情况，对于不满足条件的情况，程序编写者可以参考实验7的分支方法分别进行处理。

实验6-6：计算水桶的个数

【实验要求】

补全程序，实现以下功能：某牧场一只奶牛一天产奶量为20 L，现订购深*h*米，底面半径为*r*米的水桶，那么每头奶牛每天至少需要多少个桶运送牛奶？

【实验步骤】

打开“D:\EXEC06_Part1\ EXEC06_buquan02.py”文件。分析程序，并按本实验功能要求补全两行星号之间的程序。将补全后的程序另存在“D:\EXEC06_Part2”文件夹下，并将文件名命名为“EXEC06_buquan02_daan.py”。

【参考程序】

```
'''
文件名称：EXEC06_buquan02.py
题目内容：计算需要水桶的个数。
'''
```

```
#引入math库
import math
#输入部分
r=eval(input("请输入桶的底面半径r（单位：米）："))
h=eval(input("请输入桶的底面高度h（单位：米）："))
#处理部分
#计算桶容积
v=math.pi*math.pow(r,2)*h*1000
#**********#
#计算桶的个数amount
#**********#
#输出部分
print("一头奶牛每天至少需要{}个桶来运送牛奶。".format(amount))
'''
期待的运行结果如下：
请输入桶的底面半径r（单位：米）：0.15
请输入桶的底面高度h（单位：米）：0.25
一头奶牛每天至少需要2个桶来运送牛奶。
'''
```

【实现思路】

（1）通过两行星号所在位置可以得知，要补全的部分是计算水桶容积，即水桶个数部分的代码。

（2）程序使用了math库的常数pi及ceil()函数，因此先引入math库。

（3）根据圆柱体体积计算公式计算桶的容量。

（4）根据产奶量/桶的容量计算桶个数，并利用ceil()函数向上取整计算桶的整数值。

【参考答案】

```
'''
文件名称：EXEC06_buquan02_daan.py
题目内容：计算需要水桶的个数。
'''
#引入 math 库
import math
#输入部分
r=eval(input("请输入桶的底面半径r（单位：米）："))
h=eval(input("请输入桶的底面高度h（单位：米）："))
#处理部分
#计算桶容积
v=math.pi*math.pow(r,2)*h*1000
#**********#
amount=math.ceil(20/v)
#**********#
#输出部分
print("一头奶牛每天至少需要{}个桶来运送牛奶。".format(amount))
```

【运行结果】

```
期待的运行结果如下：
请输入桶的底面半径r（单位：米）：0.15
请输入桶的底面高度h（单位：米）：0.25
```

一头奶牛每天至少需要2个桶来运送牛奶。

实验6-7：计算期末总资金

【实验要求】

输入期初资金、年化收益率以及投资年数，计算并输出期末总资金（结果保留两位小数）。

【实验步骤】

打开“D:\EXEC06_Part1\ EXEC06_buquan03.py”文件。分析程序，并按本实验功能要求补全两行星号之间的程序。将补全后的程序另存在“D:\EXEC06_Part2”文件夹下，并将文件名命名为“EXEC06_buquan03_daan.py”。

【参考程序】

```
'''
文件名称：EXEC06_buquan03.py
题目内容：输入期初资金、年化收益率以及投资年数，计算并输出期末总资金。
'''
#引入math库
import math

#输入部分
origin= eval(input("请输入期初金额："))
rate=eval(input("请输入年收益率："))
year=eval(input("请输入年数："))
#处理部分
#**************

#**************
#输出部分
print("期末总资金={:.2f}。".format(total))
'''
期待的运行结果如下：
请输入期初金额：100
请输入年收益率：0.12
请输入年数：5
期末总资金=176.23。
'''
```

【实现思路】

（1）通过两行星号所在位置可以得知，要补全的部分是处理部分的代码。

（2）根据输出部分的代码，将计算结果存放在变量total中。

（3）在计算total时，可以利用math.pow()函数进行计算。

【参考答案】

```
'''
文件名称：EXEC06_buquan03_daan.py
题目内容：输入期初资金、年化收益率以及投资年数，计算并输出期末总资金。
'''
#引入math库
```

```
import math

#输入部分
origin= eval(input("请输入期初金额："))
rate=eval(input("请输入年收益率："))
year=eval(input("请输入年数："))
#处理部分
#**************
total=origin*math.pow((1+rate),year)
#**************
#输出部分
print("期末总资金={:.2f}。".format(total))
```

【运行结果】

```
请输入期初金额：100
请输入年收益率：0.12
请输入年数：5
期末总资金=176.23。
```

【实验解析】

（1）本题利用{:.2f}方法将结果保留两位小数。

（2）从本题可以看出，期末总资金的数额由初始资金、年收益率及投资年限决定。

6.3.3 能力拓展

实验6-8：计算点到圆心的距离

【实验要求】

输入一个点的横坐标和纵坐标，计算该点到原点的距离（结果保留两位小数）。

扫一扫

实验6-8
参考答案等

【实验步骤】

运行IDLE软件。在D盘下的“EXEC06_Part2”文件夹中，新建一个Python脚本文件，并命名为“EXEC06_tuozhan01.py”。按题目功能要求，编写程序。

【实现思路】

（1）利用IPO方法对问题进行分块：

- 输入部分：输入x坐标和y坐标。
- 处理部分：利用math库计算该点到原点的距离。
- 输出部分：输出结果。

（2）利用公式$d = \sqrt{x^2 + y^2}$计算。

实验6-9：利用 math.floor() 实现四舍五入功能

【实验要求】

扫一扫

实验6-9
参考答案等

（1）math库没有提供四舍五入函数，请利用math.floor()函数实现四舍五入功能。

（2）随机输入一个浮点数，对四舍五入功能进行验证。

【实验步骤】

运行IDLE软件。在D盘下的“EXEC06_Part2”文件夹中，新建一个Python脚本文件，并命名为“EXEC06_tuozhan02.py”。按题目功能要求，编写程序。

【实现思路】

（1）利用IPO方法对问题进行分块：

- 输入部分：输入一个测试浮点数a。
- 处理部分：利用math.floor()函数实现四舍五入功能。
- 输出部分：输出结果。

（2）假设a在整数N和整数$N+1$之间，则题目需求如下：若$N \leqslant a < N+0.5$，需要输出N；若$N+0.5 \leqslant a \leqslant N+1$，需要输出$N+1$；可以在$a+0.5$后，再利用math.floor()函数实现。

实验 7 程序的分支结构

7.1 实验目的

1．掌握程序的基本结构：顺序结构、分支结构、循环结构。

2．熟练掌握三种分支结构的语法格式：单分支、二分支、多分支。

3．掌握运用IPO编程方法和分支结构思想解决一些实际问题的方法。

7.2 知识巩固

程序的基本结构分为顺序结构、分支结构和循环结构（循环结构详见实验8）。

1．顺序结构

顺序结构是程序按照线性顺序从上到下依次执行的一种运行方式。顺序结构的程序流程图如图7-1所示。

2．分支结构

（1）具体内容：分支结构是程序根据条件判断结果而选择不同向前执行路径的一种运行方式。

（2）详细说明：

① 单分支结构：if语句。程序流程图如图7-2所示。

Python中if语句的语法格式：

```
if<条件>:
    <语句块>
```

② 二分支结构：if-else 语句。程序流程图如图7-3所示。

通常，二分支结构也称为双分支结构。Python中if-else语句的语法格式：

```
if <条件>:
    <语句块1>
else:
    <语句块2>
```

③ 多分支结构：if-elif-else语句。程序流程图如图7-4所示。

Python中if-elif-else语句的语法格式：

```
if  <条件1>:
    <语句块1>
```

```
elif <条件2>:
    <语句块2>
...
else:
    <语句块n>
```

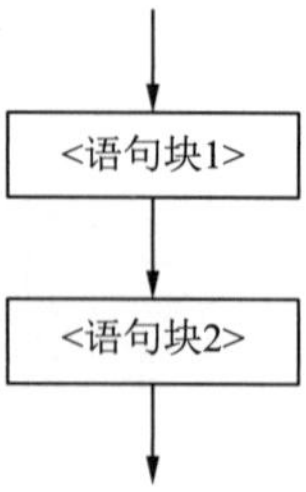

图 7-1　顺序结构流程图

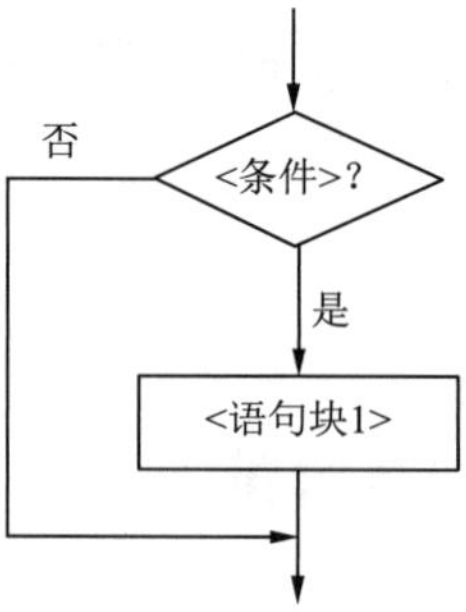

图 7-2　单分支 if 语句程序流程图

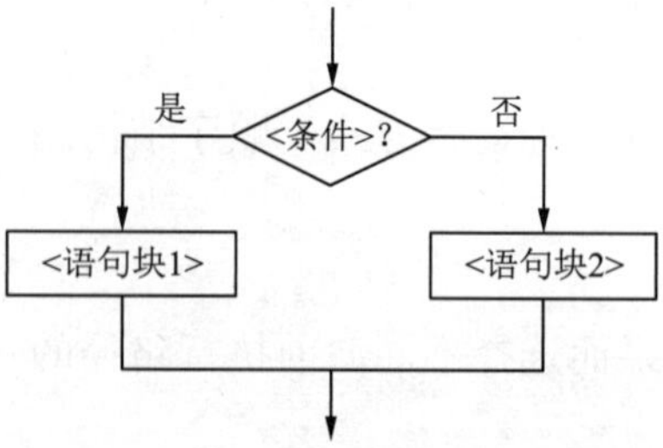

图 7-3　二分支 if 语句程序流程图

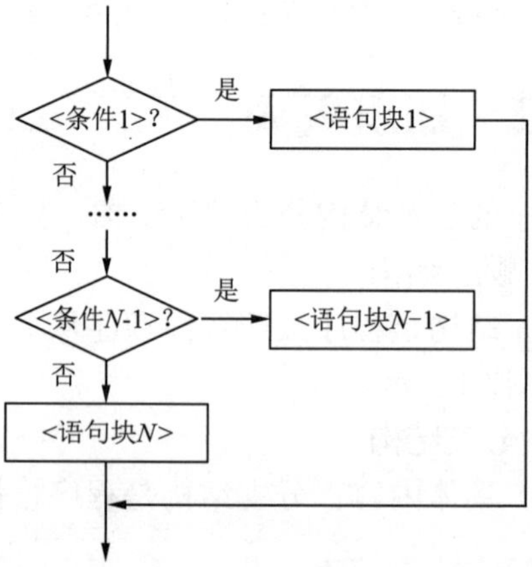

图 7-4　多分支 if 语句程序流程图

7.3　实验内容

7.3.1　基础实验

实验7-1：输出三个数的最大值

【实验要求】

从键盘上输入三个数，输出三者中的最大值。

【实验步骤】

运行IDLE软件。在D盘下新建一个文件夹，命名为“EXEC07_Part2”。在“D:\EXEC07_Part2”文件夹下，新建一个Python脚本文件，并将其命名为“EXEC07_jichu01.py”。

【参考程序】

```
'''
```

```
文件名称：EXEC07_jichu01.py
题目内容：从键盘上输入三个数，输出三者中的最大值。
'''
#输入部分
num1=eval(input("请输入第一个数："))
num2=eval(input("请输入第二个数："))
num3=eval(input("请输入第三个数："))
#处理部分
max=num1
if num2>max:
    max=num2
if num3>max:
    max=num3
#输出部分
print("最大值为：",max)
```

【运行结果】

```
请输入第一个数：5
请输入第二个数：9
请输入第三个数：8
最大值为：9
```

【实验解析】

建立一个新的变量max用来存储最大值，把第一个数先赋值给max；如果第二个数比max大，那么就把第二个数赋值给max；如果第三个数比max大，那么就把第三个数赋值给max；最后输出最大值max。

实验7-2：判断一个数是否能同时被3和5整除

【实验要求】

从键盘上输入一个数，判断其是否能同时被3和5整除。如果是，则输出“Yes”，否则输出“No”。

【实验步骤】

运行IDLE软件。在“D:\EXEC07_Part2”文件夹下，新建一个Python脚本文件，并将其命名为“EXEC07_jichu02.py”。

【参考程序】

```
'''
文件名称：EXEC07_jichu02.py
题目内容：从键盘上输入一个数，判断其是否能同时被3和5整除。
         如果是，输出"Yes"，否则输出"No"。
'''
#输入部分
num=eval(input("请输入一个数："))
#处理部分和输出部分
if num%3==0 and num%5==0:
    print("Yes")
else:
    print("No")
```

【运行结果】

```
请输入一个数：15
Yes
```

【实验解析】

（1）二分支if语句是指由某个条件的两种取值（真和假）构成两个分支。两个分支不会同时执行，也不会都不执行，总是从二者中选其一执行，即任何时候只会执行其中的一个分支，最终形成了“二选一”的结构。

（2）程序编写者在调试程序时，需要运行程序两次，即将两个分支的功能均进行验证。两次结果都正确时，才能说明程序编写正确。

实验7-3：计算和输出分段函数的结果

【实验要求】

从键盘上输入一个x，并根据分段函数$y=\begin{cases}2x-2 & x<1\\ x2-1 & 1\leqslant x\leqslant 2\\ x2-2x+1 & 2>x\end{cases}$计算结果并输出。

【实验步骤】

运行IDLE软件。在“D:\EXEC07_Part2”文件夹下，新建一个Python脚本文件，并将其命名为“EXEC07_jichu03.py”。

【参考程序】

```
'''
文件名称：EXEC07_jichu03.py
题目内容：输入一个 x，并根据分段函数的计算结果并输出。
'''
#输入部分
x=eval(input("请输入一个x："))
#处理部分和输出部分
if x<1:
    print(2*x-2)
elif x<=2:
    print(x**2-1)
else:
    print(x**2-2*x+1)
```

【运行结果】

```
请输入一个x：5
16
```

7.3.2 程序改错练习

实验7-4：数字判断问题

【实验要求】

从键盘输入一个数，判断其是否是5的倍数，而不是7的倍数。如果是，则输出“Yes”，否则输出“No”。

【实验步骤】

运行IDLE软件。打开“D:\EXEC07_Part1\EXEC07_gaicuo01.py”文件。对参考程序进行分析，并按本实验的功能要求改正程序中出现的错误。将改正后的程序另存在“D:\EXEC07_Part2”文件夹下，并将文件名命名为“EXEC07_gaicuo01_daan.py”。

【参考程序】

```
'''
文件名称:"EXEC07_gaicuo01.py"
题目内容：从键盘输入一个数，判断其是否是5的倍数而不是7的倍数。如果是，输出"Yes"，否则输出"No"。
'''
#输入部分
num=eval(input("请输入一个数："))
#处理部分和输出部分
if num%5==0 and num%7!=0
    print("Yes")
else:
    print("No")
```

【实验解析】

（1）“SyntaxError：invalid systax”表示的是语法错误。本例涉及双分支结构，所以先检查语法结构是否正确。

（2）错误原因：经检查发现，if语句后没有“:”。

（3）改正思路：if条件后加上“:”。

【参考答案】

```
'''
文件名称:"EXEC07_gaicuo01_daan.py"
题目内容：从键盘输入一个数，判断其是否是5的倍数而不是7的倍数。如果是，输出"Yes"，否则输出"No"。
'''
#输入部分
num=eval(input("请输入一个数："))
#处理部分和输出部分
if num%5==0 and num%7!=0:
    print("Yes")
else:
    print("No")
```

【运行结果】

```
请输入一个数：100
Yes
```

实验7-5：地铁计价问题

【实验要求】

改正程序，实现以下功能：

（1）根据北京市轨道交通的计程限时票制，从键盘输入公里数，请输出对应的票价。

（2）北京市轨道交通（除首都机场线、大兴机场线外）实行计程限时票制，具体票价方案：

- 起步6公里（含）内3元；
- 6公里至12公里（含）4元；
- 12公里至22公里（含）5元；
- 22公里至32公里（含）6元；
- 32公里以上部分，每增加1元可乘坐20公里。

【实验步骤】

运行IDLE软件。打开“D:\EXEC07_Part1\EXEC07_gaicuo02.py”文件。对参考程序及其运行结果进行分析，并按本实验的功能要求改正程序中出现的错误。将改正后的程序另存在“D:\EXEC07_Part2”文件夹下，并将文件名命名为“EXEC07_gaicuo02_daan.py”。

【参考程序】

```
'''
文件名称:"EXEC07_gaicuo02.py"
1.题目内容：根据北京市轨道交通的计程限时票制，从键盘输入公里数，请输出对应的票价。
2.题目说明：北京市轨道交通（除首都机场线、大兴机场线外）实行计程限时票制，具体票价方案：
           起步6公里（含）内3元
           6公里至12公里（含）4元
           12公里至22公里（含）5元
           22公里至32公里（含）6元
           32公里以上部分，每增加1元可乘坐20公里。
'''
#输入部分
s=eval(input("请输入一个公里数："))
#处理部分
if s>32:
    price=6+(s-32)//20+1
elif s<=32:
    price=6
elif s<=22:
    price=5
elif s<=12:
    price=4
else:
    price=3
#输出部分
print("票价为"+str(price)+"元")
```

【运行结果】

```
请输入一个公里数：5
票价为6元
```

【实验解析】

（1）尝试运行程序后，通过观察结果发现程序运算5公里的票价为6元，而不是题目要求的起步价3元，程序的计算部分出现了错误，没有得出期待的结果。程序在运行过程中也没有提示语法错误，而是产生了语义错误。

（2）模拟程序执行步骤：

① 输入5后，变量*s*中为数字5。

② 在处理部分，第一个if语句的条件判断表达式5>32的结果为False。

③ 进入第二个条件的判断部分，判断5<=32是否成立，此时条件成立，结果为True，所以进入此分支。

④ 执行price=6语句。执行语句后，根据多分支if语句流程（见图7.4），程序跳出多分支语句，执行多分支之后的语句。

⑤ 最后输出“票价为6元”的结果。

（3）错误原因：通过对执行过程和结果的分析可知，导致程序错误的原因是对第一个elif部分的条件设置缺乏逻辑性，条件设置有误。

（4）改正思路：多分支结构，几个分支之间是有逻辑关系的，不能随意设置。本题第一个判断条件是$s>32$，则第二个条件应该是按照题意要求的$22<s\leqslant 32$之间的部分，以此类推，直到最后一个条件设置为$s<6$。

（5）此外，程序编写者对于条件的设置也应该做到有逻辑，且不重不漏。

【参考答案1】

```
'''
文件名称:"EXEC07_gaicuo02_daan1.py"
1.题目内容：根据北京市轨道交通的计程限时票制，从键盘输入公里数，请输出对应的票价。
2.题目说明：北京市轨道交通（除首都机场线、大兴机场线外）实行计程限时票制，具体票价方案：
          起步6公里（含）内3元
          6公里至12公里（含）4元
          12公里至22公里（含）5元
          22公里至32公里（含）6元
          32公里以上部分，每增加1元可乘坐20公里。
'''
#输入部分
s=eval(input("请输入一个公里数："))
#处理部分
if s>32:
    price=6+(s-32)//20+1
elif s<=32 and s>22:           #或直接写s>22
    price=6
elif s<=22 and s>12:           #或直接写s>12
     price=5
elif s<=12 and s>6:            #或直接写s>6
    price=4
else:
    price=3
#输出部分
print("票价为"+str(price)+"元")
```

【参考答案2】

```
'''
文件名称:"EXEC07_gaicuo02_daan2.py"
1.题目内容：根据北京市轨道交通的计程限时票制，从键盘输入公里数，请输出对应的票价。
2.题目说明：北京市轨道交通（除首都机场线、大兴机场线外）实行计程限时票制，具体票价方案：
          起步6公里（含）内3元
          6公里至12公里（含）4元
          12公里至22公里（含）5元
```

```
            22公里至32公里（含）6元
            32公里以上部分，每增加1元可乘坐20公里。
'''
#输入部分
s=eval(input("请输入一个公里数："))
#处理部分
if s<=6:
    price=3
elif s<=12:
    price=4
elif s<=22:
    price=5
elif s<=32:
    price=6
else:
    price=6+(s-32)//20+1
#输出部分
print("票价为"+str(price)+"元")
```

【运行结果】

```
请输入一个公里数：25
票价为6元
```

【补充说明】

（1）在“参考答案1”中，程序编写者可以将语句“elif s<=32 and s>22:”略写成“elif s>22:”。其原因是，当程序执行到这一行时，已经说明上一个条件判断*s*>32的结果为False，即$s \leqslant 32$，所以可以直接略写。

（2）程序编写者也可以用“参考答案2”的方法，按从小到大的顺序进行编写。

（3）从此例中也可以看出，编程的逻辑十分重要。所以程序编写者要在学习和实践的过程中，注重对于编程逻辑的训练。

实验7-6：掌握运算符的优先级及结合性

【实验要求】

改正程序，实现以下功能：写出条件表达式，判断输入内容是否符合判断条件。

【实验步骤】

运行IDLE软件。打开“D:\EXEC07_Part1\EXEC07_gaicuo03.py”文件。对“参考程序”和“运行结果”进行分析，并按本实验的功能要求改正程序中出现的错误。将改正后的程序另存在“D:\EXEC07_Part2”文件夹下，并将文件名命名为“EXEC07_gaicuo03_daan.py”。

【参考程序】

```
'''
文件名称：EXEC07_gaicuo03.py
题目内容：判断所输入的性别及专业是否符合条件，性别：男，专业：计算机或数学。
'''
#输入部分
sex=input("请输入性别：")
major=input("请输入所学专业：")
#处理部分和输出部分
```

```
if (sex=="男"and major=="计算机"or major=="数学"):
    print("符合条件！")
else:
    print("不符合条件！")
```

【运行结果】

```
请输入性别：女
请输入所学专业：数学
符合条件!
```

【实验解析】

（1）程序无报错，但输出结果与题目要求不符，因此判断为语义错误。

（2）错误原因：在 Python 语言中，与操作（and）的优先级高于或操作（or），所以本题程序中表达式的含义为：性别等于“男”且专业为“计算机”，或不限性别而专业为“数学”，该含义与题目要求不符。

（3）改正思路：按照题意，性别为“男”是先决条件，专业为“计算机”或“数学”，那么需要在逻辑“或”连接的两个限定专业的条件前后添加小括号，使两个专业的判断成为“一组”，再和性别等于“男”进行与操作，才符合题意。

【参考答案】

```
'''
文件名称：EXEC07_gaicuo03_daan.py
题目内容：判断所输入的性别及专业是否符合条件，性别：男，专业：计算机或数学。
'''
#输入部分
sex=input("请输入性别：")
major=input("请输入所学专业：")
#处理部分和输出部分
if (sex=="男" and ( major=="计算机"or major=="数学")):
    print("符合条件！")
else:
    print("不符合条件！")
```

【运行结果】

```
请输入性别：女
请输入所学专业：数学
不符合条件!
```

7.3.3　补全程序练习

实验7-7：判断正整数奇偶性

【实验要求】

在“参考程序”中的（1）、（2）、（3）处补全程序，实现以下功能：输入一个正整数，判断其奇偶性。

【实验步骤】

打开“D:\EXEC07_Part1\EXEC07_buquan01.py”文件。分析程序，并按本实验功能要

求补全（1）、（2）、（3）处的程序。将补全后的程序另存在“D:\EXEC07_Part2”文件夹下，并将文件名命名为“EXEC07_buquan01_daan.py”。

【参考程序】

```
'''
文件名称：EXEC07_buquan01.py
题目内容：输入一个正整数，判断其奇偶性。
'''
#输入部分
x=（1）(input("请输入一个正整数："))
#处理部分和输出部分
if（2）:
    print(x,"是偶数")
（3）:
    print(x,"是奇数")
```

【实现思路】

（1）第一空：根据题意，需要将字符串类型的数据转换为整数类型的数据。可以利用eval()函数或者int()函数将字符串类型的数据转换为整数类型。

（2）第二空：需要判断*x*除以2的余数是否为0，若为0，则*x*为偶数。利用if语句可以进行分支的判断功能。

（3）第三空：由双分支的基本格式可知，结构还缺少else保留字。

【参考答案】

```
'''
文件名称：EXEC07_buquan01_daan.py
题目内容：输入一个正整数，判断其奇偶性。
'''
#输入部分
x=eval(input("请输入一个正整数："))      # int(input("请输入一个正整数："))
#处理部分和输出部分
if x%2==0:
    print(x,"是偶数")
else:
    print(x,"是奇数")
```

【运行结果】

```
请输入一个正整数：1
1是奇数
```

实验7-8：判定三条边长是否能组成三角形

【实验要求】

补全程序，实现以下功能：输入三条边长，判断这三条边能否组成一个三角形，并输出判定结果。

【实验步骤】

打开“D:\EXEC07_Part1\EXEC07_buquan02.py”文件。分析程序，并按本实验功能要求补全两行星号之间的程序。将补全后的程序另存在“D:\EXEC07_Part2”文件夹下，并将文件名命名为“EXEC07_buquan02_daan.py”。

【参考程序】

```
'''
文件名称：EXEC07_buquan02.py
题目内容：输入三角形的边长，判断这三条边能否组成一个三角形，并输出判定结果。
'''
#输入部分
a=eval(input("请输入第一条线段长度："))
b=eval(input("请输入第二条线段长度："))
c=eval(input("请输入第三条线段长度："))
#处理部分和输出部分
#******************

#******************
    print("Yes")
else:
    print("No")
```

【实现思路】

（1）由上下文代码可知，需要补充二分支if语句结构的if条件判断部分。

（2）判断条件：能够组成三角形的条件是任意两边之和应大于第三边。

【参考答案】

```
'''
文件名称：EXEC07_buquan02_daan.py
题目内容：输入三角形的边长，判断这三条边能否组成一个三角形，并输出判定结果。
'''
#输入部分
a=eval(input("请输入第一条线段长度："))
b=eval(input("请输入第二条线段长度："))
c=eval(input("请输入第三条线段长度："))
#处理部分和输出部分
#******************
if a+b>c and a+c>b and a+b>c:
#******************
    print("Yes")
else:
    print("No")
```

【运行结果】

```
请输入第一条线段长度：1
请输入第二条线段长度：2
请输入第三条线段长度：3
No
```

实验7-9：判断是否是闰年

【实验要求】

补全程序，实现以下功能：输入一个年份，判断这一年是否是闰年。

【实验步骤】

打开“D:\EXEC07_Part1\EXEC07_buquan03.py”文件。分析程序，并按本实验功能要

求补全两行星号之间的程序。将补全后的程序另存在“D:\EXEC07_Part2”文件夹下，并将文件命名为“EXEC07_buquan03_daan.py”。

【参考程序】

```
'''
文件名称：EXEC07_buquan03.py
题目内容：输入一个年份，判断这一年是否是闰年。
'''
#输入部分
year=eval(input("请输入一个年份："))
#处理部分和输出部分
#******************


#******************
    print("是闰年")
else:
    print("不是闰年")
```

【实现思路】

（1）由题目要求可知，需要补充二分支if语句结构的if条件判断部分。

（2）判断条件：闰年是指能被4整除且不能被100整除的年份，或者能被400整除的年份。

【参考答案】

```
'''
文件名称：EXEC07_buquan03_daan.py
题目内容：输入一个年份，判断这一年是否是闰年。
'''
#输入部分
year=eval(input("请输入一个年份："))
#处理部分和输出部分
#******************
if (year%4==0 and year%100!=0) or year%400==0:
#******************
    print("是闰年")
else:
    print("不是闰年")
```

【运行结果】

```
请输入一个年份：2025
不是闰年
```

实验7-10：求解一元二次方程（$ax^2+bx+c=0$）的实根

【实验要求】

（1）题目功能：求解一元二次方程$ax^2+bx+c=0$的实数解。

（2）格式要求：根据用户输入的a、b、c值求解方程的实数解：

① 如果a值为0，提示用户输入错误，输出“数据错误！”。

② 根据$\Delta=b^2-4ac$判断方程是否有实数解，如果方程无实数解，输出“该方程无实数解”。

③ 如果方程有两个相同的实数解，则输出一个解。

④ 如果方程有两个不同的实数解，则在一行内输出方程的两个解。

【实验步骤】

运行IDLE软件。打开“D:\EXEC07_Part1\EXEC07_buquan04.py”文件。分析程序，并按本实验功能要求补全两行星号之间的程序。将补全后的程序另存在“D:\EXEC07_Part2”文件夹下，并将文件名命名为“EXEC07_buquan04_daan.py”。

【参考程序】

```
'''
文件名称：EXEC07_buquan04.py
题目内容：求解一元二次方程a*x**2+b*x+c=0的实数解。
'''
#导入math库
import math

#输入部分
a=eval(input("请输入a的值（a值非0）："))

#处理部分和输出部分
#判断输入的数值是否满足要求
if a==0:
    print("数据错误！")
else:
    b=eval(input("请输入b的值："))
    c=eval(input("请输入c的值："))
    delta=math.pow(b,2)-4*a*c
    #判断方程是否有实数解
    if delta<0:
        print("该方程无实数解！")
    else:
        #******************

        #******************
        if x1==x2:
            print("方程有唯一解{}".format(x1))
        else:
            print("方程两个实数解分别为：{}，{}".format(x1,x2))
```

【实现思路】

（1）判断用户输入的数值是否满足要求，如果a的值为0，则提示输入错误，程序结束。

（2）如果输入满足要求，根据$\Delta=b^2-4ac$判断方程是否有实数解。

（3）如果方程有实数解，求解方程的解。如果方程有两个相同的实数解，则输出一个解；若方程有两个不同的实数解，则输出方程的两个解。

【参考答案】

```
'''
文件名称：EXEC07_buquan04_daan.py
题目内容：求解一元二次方程 a*x**2 +b*x +c=0 的实数解。
'''
```

```
#导入math库
import math

#输入部分
a=eval(input("请输入a的值（a值非0）："))

#处理部分和输出部分
#判断输入的数值是否满足要求
if a==0:
    print("数据错误！")
else:
    b=eval(input("请输入b的值："))
    c=eval(input("请输入c的值："))
    delta=math.pow(b,2)-4*a*c
    #判断方程是否有实数解
    if delta<0:
        print("该方程无实数解！")
    else:
        #******************
        x1=(-b+math.sqrt(delta))/(2*a)
        x2=(-b-math.sqrt(delta))/(2*a)
        #******************
        if x1==x2:
            print("方程有唯一解{}".format(x1))
        else:
            print("方程两个实数解分别为：{}，{}".format(x1,x2))
```

【运行结果】

```
请输入a的值（a值非0）：1
请输入b的值：-5
请输入c的值：6
方程两个实数解分别为：3.0，2.0
```

7.3.4 能力拓展

实验7-11：体脂率计算

扫一扫

实验7-11
参考答案等

【实验要求】

（1）题目内容：根据给出的性别、体重和腰围数据，算出体脂率。

（2）题目说明：

① 计算公式如下：

成年女性的体脂率计算公式：

参数a=腰围（cm）×0.74

参数b=体重（kg）×0.082+34.89

体脂肪重量（kg）=$a-b$

体脂率=（身体脂肪总重量÷体重）×100%

成年男性的体脂率计算公式：

参数a=腰围（cm）×0.74

参数b=体重（kg）×0.082+44.74

体脂肪重量（kg）=$a-b$

体脂率=（身体脂肪总重量÷体重）×100%

② 成年人的体脂率正常范围分别是女性20%～25%、男性15%～18%，若体脂率过高，体重超过正常值的20%，就可视为肥胖。

【实验步骤】

运行IDLE软件。在D盘下的“EXEC07_Part2”文件夹中，新建一个Python脚本文件，并命名为“EXEC07_tuozhan01.py”。按题目功能要求，编写程序。

【实现思路】

利用IPO方法对问题进行分块：

- 输入部分：输入性别、体重和腰围数据。
- 处理部分：男女的体脂率计算公式不一样，可以用双分支结构。若想要程序更加完备，应采用多分支结构，给程序异常处理的代码。
- 输出部分：输出结果。

实验7-12：共享单车收费问题

【实验要求】

扫一扫

实验7-12
参考答案等

（1）题目内容：根据骑行时间和停车地点计算共享单车的按次收费方案。

（2）题目说明：某共享单车的单次骑行收费规则为：1.5元/30分钟（不满30分钟的也按30分钟计算），同时，如果停车超出停车范围，加收调度费20元。

【实验步骤】

运行IDLE软件。在D盘下的“EXEC07_Part2”文件夹中，新建一个Python脚本文件，并命名为“EXEC07_tuozhan02.py”。按题目功能要求，编写程序。

【实现思路】

利用IPO方法对问题进行分块：

- 输入部分：输入骑行时间和是否超出停车范围。
- 处理部分：根据计费原则，分为两种情况：情况一，骑行时间正好是30的倍数；情况二，骑行时间不是30的倍数；这两种情况可以采用双分支结构处理。还有一个条件要考虑，那就是是否超出停车范围，那么可以再用一个单分支结构解决问题。
- 输出部分：输出结果。

实验7-13：订购机票问题

【实验要求】

扫一扫

实验7-13
参考答案等

（1）题目内容：假如你准备去海南旅游，现在要订购机票。票价在旺季、淡季不同，而且头等舱与经济舱的折扣也不同。编写程序，根据出行的月份、选择的舱位和机票原价，计算并输出实际购买的机票价格。

（2）题目说明：5～10月为淡季，头等舱淡季打4折，经济舱淡季打2折；其他月份为旺季，头等舱旺季打9折，经济舱旺季打8折。

【实验步骤】

运行IDLE软件。在D盘下的“EXEC07_Part2”文件夹中，新建一个Python脚本文件，并命名为“EXEC07_tuozhan03.py”。按题目功能要求，编写程序。

【实现思路】

利用IPO方法对问题进行分块：

- 输入部分：输入旅游月份、舱位和机票原价。
- 处理部分：根据计价原则，分为淡季和旺季，考虑可以用双分支结构；针对旺季，考虑到头等舱和经济舱的折扣是不一样的，所以在旺季这个分支里，还要嵌套一个双分支结构；同理因为淡季的头等舱和经济舱的折扣也是不一样的，在淡季的分支中，也要再嵌套一个双分支结构。

- 输出部分：输出结果。

实验7-14：判断字符类型问题

扫一扫

实验7-14 参考答案等

【实验要求】

（1）题目内容：输入任意一个字符，判断其为哪种字符。

（2）题目说明：字符分为大写字母、小写字母、数字、其他。

【实验步骤】

运行IDLE软件。在D盘下的“EXEC07_Part2”文件夹中，新建一个Python脚本文件，并命名为“EXEC07_tuozhan04.py”。按题目功能要求，编写程序。

【实现思路】

利用IPO方法对问题进行分块：

- 输入部分：输入任意一个字符。
- 处理部分：根据题目要求，因为字符分为大写字母、小写字母、数字、其他共四种情况，所以可以采用多分支结构解决此问题。
- 输出部分：输出结果。

实验7-15：个税计算问题（选学）

扫一扫

实验7-15 参考答案等

【实验要求】

（1）题目内容：请编写一个个税计算器，用户输入全年应纳税所得额，输出应缴税款，结果保留小数点后两位。当输入数字小于0时，输出“error”。

（2）题目说明：应纳个人所得税税额=全年应纳税所得额×适用税率-速算扣除数。

（3）个人所得税税率见表7-1。

表 7-1　个人所得税税率

级　数	全年应纳税所得额	税　率	速算扣除数
1	不超过 36 000 元	3%	0
2	超过 36 000 至 144 000 元的	10%	2 520
3	超过 144 000 至 300 000 元的	20%	16 920
4	超过 300 000 至 420 000 元的	25%	31 920
5	超过 420 000 至 660 000 元的	30%	52 920
6	超过 660 000 至 960 000 元的	35%	85 920
7	960 000 元以上的	45%	181 920

注：本表所称全年应纳税所得额是指居民个人取得综合所得以每一纳税年度收入额减除费用六万元，以及专项扣除、专项附加扣除和依法确定的其他扣除后的余额。

【实验步骤】

运行IDLE软件。在D盘下的“EXEC07_Part2”文件夹中，新建一个Python脚本文件，并命名为“EXEC07_tuozhan05.py”。按题目功能要求，编写程序。

【实现思路】

利用IPO方法对问题进行分块：

- 输入部分：输入全年应纳税所得额。
- 处理部分：根据题目要求目前采用的是7级超额累进个人所得税税率表，可以采用多分支结构解决此问题。
- 输出部分：输出结果。

实验 8

程序的循环结构

8.1 实验目的

1．了解循环在程序中的应用，培养编写循环程序的能力。
2．掌握循环结构程序设计的方法。
3．掌握range()函数的使用。
4．掌握遍历循环for语句和无限循环while语句的使用方法。
5．掌握循环保留字break和continue的使用方法。
6．掌握循环嵌套的使用。

8.2 知识巩固

1. range() 函数

（1）具体内容：range()函数是Python中的一个内置函数，用于生成一个整数序列，常用于循环中的迭代。

（2）详细说明：range(start, stop,step)。

- start：计数从start开始，默认是从0开始。例如：range(5)等价于range(0,5)。
- stop：计数到stop结束，但不包括stop。例如：range(0,5)是[0, 1, 2, 3, 4]。
- step：计数的步长，默认为1。例如：range(0,5)等价于range(0, 5, 1)。

2. 遍历循环 for 语句

（1）语法格式：

```
for <循环变量> in <遍历结构>:
    <语句块>
```

（2）程序流程图：

遍历循环流程图如图8-1所示。

3. 无限循环 while 语句

（1）语法格式：

```
while <条件>:
    <语句块>
```

（2）当条件判断为True时，循环体重复执行语句块中语句；当条件为False时，循环终止。

（3）程序流程图如图8-2所示。

4. 循环保留字 break 和 continue

（1）break用来跳出当前层次的循环。

（2）continue用来结束当前当次循环。

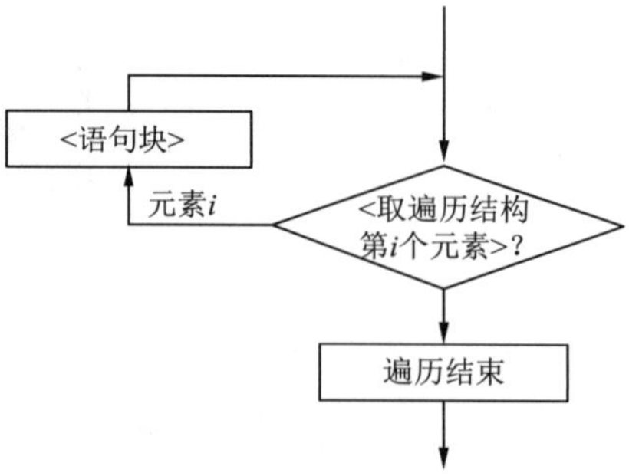

图 8-1 遍历循环流程图

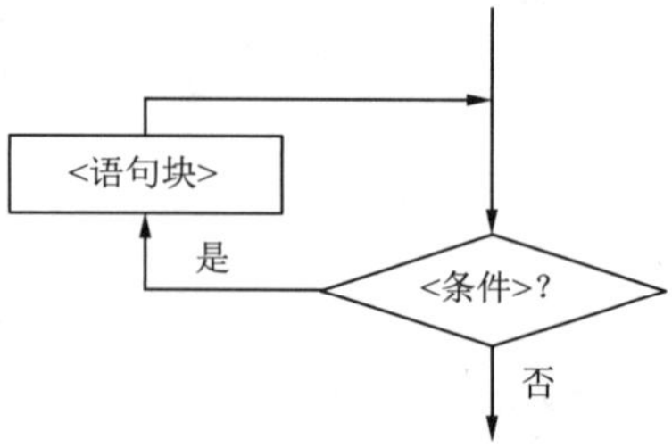

图 8-2 条件循环流程图

8.3 实验内容

8.3.1 基础实验

实验8-1：掌握range()函数的用法

【实验要求】

在脚本文件中运行命令并观察结果。

【实验步骤】

运行IDLE软件。在D盘下新建一个文件夹，命名为“EXEC08_Part2”。在“D:\EXEC08_Part2”文件夹下，新建三个Python脚本文件，并分别将其命名为“EXEC08_jichu01.py”、“EXEC08_jichu02.py”和“EXEC08_jichu03.py”。

【参考程序】

```
# EXEC08_jichu01.py
for i in range(5):
    print(i,end=" ")
```

```
# EXEC08_jichu02.py
for i in range(1,10):
    print(i,end=" ")
```

```
# EXEC08_jichu03.py
for i in range(0,10,2):
    print(i,end=" ")
```

【运行结果】

```
0 1 2 3 4
```

```
1 2 3 4 5 6 7 8 9
```

```
0 2 4 6 8
```

【实验解析】

（1）range(5)默认是从0开始，生成5个数字，步长为1。

（2）range(1,10)默认步长为1，从1开始到9结束，不包括10。

（3）range(0,10,2)从0开始，步长为2，到8结束，不包括10。

实验8-2：遍历循环for语句

【实验要求】

计算并输出100以内（含100）的偶数之和。

【实验步骤】

运行IDLE软件。在“D:\EXEC08_Part2”文件夹下，新建一个Python脚本文件，并将其命名为“EXEC08_jichu04.py”。

【参考程序】

```
'''
文件名称：EXEC08_jichu04.py
题目内容：计算并输出100以内（含100）的偶数之和。
'''
#输入部分
sum=0
#处理部分
for i in range(0,101,2):
    sum=sum+i
#输出部分
print("100以内（含100）的偶数之和是：",sum)
```

【运行结果】

```
100以内（含100）的偶数之和是：2550
```

【实验解析】

（1）根据题意分析，要求100以内（含100）的偶数之和，range() 函数的步长应该为2；又因为终值包含100，所以range()函数的stop参数应设置为101。

（2）考虑到要累加100之内的偶数，用for循环去遍历100以内（含100）的偶数，每次循环都向变量sum加一个偶数。

实验8-3：遍历循环for语句中循环变量仅控制循环次数

【实验要求】

输入一个正整数n，打印n个连续“*”。

【实验步骤】

运行IDLE软件。在“D:\EXEC08_Part2”文件夹下，新建一个 Python 脚本文件，并将其命名为“EXEC08_jichu05.py”。

【参考程序】

```
'''
文件名称：EXEC08_jichu05.py
题目内容：输入一个正整数n，打印n个连续 "*"。
'''
#输入部分
n=eval(input("请输入一个正整数："))
#处理部分和输出部分
for i in range(n):
    print("*",end="")
```

【运行结果】

```
请输入一个正整数：10
**********
```

【实验解析】

循环变量i的作用仅仅是控制循环的次数，并没有参与到循环体中语句块的操作。

实验8-4：利用for循环加密字符串

【实验要求】

（1）题目内容：从键盘上输入一个字符串和密钥，利用密钥对该字符串加密后输出。

（2）题目说明：如果字符是字母，根据密钥将其加密为对应的字符，如果字符不是字母，则保持不变。例如：如果密钥为3，那么a加密为d，z加密为c。

【实验步骤】

运行IDLE软件。在“D:\EXEC08_Part2”文件夹下，新建一个Python脚本文件，并将其命名为“EXEC08_jichu06.py”。

【参考程序】

```
'''
文件名称：EXEC08_jichu06.py
1.题目内容：从键盘上输入一个字符串和密钥，利用密钥对该字符串加密后输出。
2.题目说明：如果字符是字母，根据密钥将其加密为对应的字符，如果字符不是字母，则保持不变。
例如：如果密钥为3，那么a加密为d，z加密为c。
'''
#输入部分
s=input("请输入一个字符串：")
h=eval(input("请输入密钥："))
#处理部分和输出部分
for c in s:
    if c.isalpha():
        if c.islower():
            c=chr((ord(c)-ord('a')+h)%26+ord('a'))
        else:
            c=chr((ord(c)-ord('A')+h)%26+ord('A'))
    print(c,end="")
```

【运行结果】

```
请输入一个字符串：hello world 2024!
请输入密钥：3
khoor zruog 2024!
```

【实验解析】

（1）for循环的遍历结构可以是字符串、range()函数、文件、组合数据类型等。本例仅拿字符串来举例，后面的章节会涉及组合数据类型和文件等内容。

（2）for循环可以依次访问字符串s中的每一个元素，赋值给循环变量c，然后再执行循环体内的语句块。

（3）ord()函数可以返回单个字符的Unicode编码，chr()函数可以返回Unicode编码对应的字符，str.isalpha()方法可以检查字符串是否全部由字母组成。如果字符串中的所有字符都是字母，则返回True，否则返回False。str.islower()方法可以检查字符串是否全部都是小写形式，如果是则返回True，否则返回False。

实验8-5：寻找水仙花数

【实验要求】

编写程序，输出100到999的所有水仙花数（提示：$ABC=A^3+B^3+C^3$）。

【实验步骤】

运行IDLE软件。在“D:\EXEC08_Part2”文件夹下，新建一个Python脚本文件，并将其命名为“EXEC08_jichu07.py”。

【参考程序】

```
'''
文件名称：EXEC08_jichu07.py
题目内容：编写程序，输出100到999的所有水仙花数。
提示：ABC=A**3+B**3+C**3。
'''
#处理部分和输出部分
for a in range(1,10):
    for b in range(10):
        for c in range(10):
            if (a*100+b*10+c)==a**3+b**3+c**3:
                print(a,b,c)
```

【运行结果】

```
1 5 3
3 7 0
3 7 1
4 0 7
```

【实验解析】

（1）变量*a*，*b*，*c*分别表示百位、十位、个位上的数字。

（2）循环嵌套的执行规则是外层循环走“一次”，内层循环走“一圈”。本题目用了三重循环，请程序编写者好好体会一下多重循环当中的变量是如何变化的。

（3）本题用到了单分支if语句，当满足$abc=a^3+b^3+c^3$条件时，打印出该数。

实验8-6：无限循环while语句

【实验要求】

利用while语句，计算并输出100以内（含100）的偶数之和。

【实验步骤】

运行IDLE软件。在“D:\EXEC08_Part2”文件夹下，新建一个Python脚本文件，并将其命名为“EXEC08_jichu08.py”。

【参考程序】

```
'''
文件名称：EXEC08_jichu08.py
题目内容：利用while语句，计算并输出100以内（含100）的偶数之和。
'''
#输入部分
sum=0
i=0
```

```
#处理部分
while i<=100:
    sum=sum+i
    i=i+2
#输出部分
print("100以内（含100）的偶数之和是：",sum)
```

【运行结果】

```
100以内（含100）的偶数之和是：2550
```

【实验解析】

（1）根据题意，考虑到要累加100（含100）之内的偶数，while语句中，循环变量*i*的设置需从0开始，每次再自增2，每次循环都向变量sum加上一个偶数*i*。当循环变量*i*比100大时，循环终止。

（2）请程序编写者将本实验和实验8-2作对比，充分理解两种循环的编程思想和具体实现方法的异同。

实验8-7：循环保留字break

【实验要求】

解决韩信练兵问题。有兵一队，若每3人一列余1人、每5人一列余2人、每7人一列余4人、每13人一列余6人，求至少多少兵。

【实验步骤】

运行IDLE软件。在“D:\EXEC08_Part2”文件夹下，新建一个Python脚本文件，并将其命名为“EXEC08_jichu09.py”。

【参考程序1】

```
'''
文件名称：EXEC08_jichu09.py
题目内容：解决韩信练兵问题。有兵一队，若每3人一列余1人、每5人一列余2人、
每7人一列余4人、每13人一列余6人，求至少多少兵。
'''
#输入部分
i=1
#处理部分和输出部分
while i<10000:
    if i%3==1 and i%5==2 and i%7==4 and i%13==6:
        print("至少有兵{}人".format(i))
        break
    i=i+1
```

【参考程序2】

```
'''
文件名称：EXEC08_jichu09_2.py
题目内容：解决韩信练兵问题。有兵一队，若每3人一列余1人、每5人一列余2人、
每7人一列余4人、每13人一列余6人，求至少多少兵。
'''
#输入部分
n=10000
```

```
#处理部分和输出部分
for i in range(n):
    if i%3==1 and i%5==2 and i%7==4 and i%13==6:
        print("至少有兵{}人".format(i))
        break
```

【运行结果】

```
至少有兵487人
```

【实验解析】

（1）算法：从1开始尝试，直到找到第一个符合条件的数字后，执行break语句跳出循环。

（2）题解中给出了两种循环的编程，程序编写者任选其一即可。

（3）为了确保能找到结果，题目设定的终止范围是10 000。若程序编写者担心实际的结果会超过10 000，也可将终止范围设置得更大一些，如1 000 000。

实验8-8：循环保留字continue

【实验要求】

（1）请找出100以内（含100）既不是2的倍数也不是3的倍数同时还不是5的倍数的数。

（2）编程要求：用continue跳过不需要处理的元素。

【实验步骤】

运行IDLE软件。在“D:\EXEC08_Part2”文件夹下，新建一个Python脚本文件，并将其命名为“EXEC08_jichu10.py”。

【参考程序】

```
'''
文件名称：EXEC08_jichu10.py
题目内容：请找出100以内（含100）既不是2的倍数也不是3的倍数同时还不是5的倍数的数。编程要求：用continue跳过不需要打印的元素。
'''
#处理部分和输出部分
for i in range(101):
    if i%2==0 or i%3==0 or i%5==0:
        continue
    print(i,end=" ")
```

【运行结果】

```
1 7 11 13 17 19 23 29 31 37 41 43 47 49 53 59 61 67 71 73 77 79 83 89 91 97
```

【实验解析】

（1）题目要求：从0开始，到100（含）进行遍历，所以可以利用for语句进行遍历操作。

（2）对于每一个数字，看其是否是2、3或5的倍数。若该数满足条件，则该数不满足题目要求，需要用保留字continue跳过，然后进行下一个数字的判断。

（3）注意continue语句的作用是跳过本次循环中的剩余语句，而直接进入下一次循环。

8.3.2 程序改错练习

实验8-9：打印星型符号

【实验要求】

输入一个正整数*m*，打印由*m*行*m*列个“*”组成的直角三角形。例如：*m*=4，则图形为：

```
*
**
***
****
```

【实验步骤】

运行IDLE软件。打开“D:\EXEC08_Part1\EXEC08_gaicuo01.py”文件。对参考程序进行分析，并按本实验的功能要求改正程序中出现的错误。将改正后的程序另存在“D:\EXEC08_Part2”文件夹下，并将文件名命名为“EXEC08_gaicuo01_daan.py”。

【参考程序】

```
'''
文件名称：EXEC08_gaicuo01.py
题目内容：输入一个正整数m，打印由m行m列个"*"组成的直角三角形。
'''
#输入部分
m=eval(input("请输入一个正整数m："))
#处理部分和输出部分
for i in range(m):
    for j in range(m):
        if j<=i:
            print("*",end="")
print("\n")
```

【实验解析】

（1）尝试运行程序后，观察运行结果是一串**********，并没有得到直角三角形的形状，那就要考虑这应该是程序出现了语义错误。

（2）错误原因：经检查发现，print("\n")这条语句应该出现在每一行的结束位置。在遇到for循环嵌套时，要注意语句块的逻辑从属关系，即哪些语句应该在for循环内，哪些语句应该在嵌套的for循环内。语句间的逻辑关系和从属关系在编写复杂的程序时至关重要，程序编写者一定要特别注意。

（3）改正思路：将最后一行的print("\n")语句缩进一级，成为最外层for循环内的语句。

【参考答案】

```
'''
文件名称：EXEC08_gaicuo01_daan.py
题目内容：输入一个正整数m，打印由m行m列个"*"组成的直角三角形。
'''
#输入部分
m=eval(input("请输入一个正整数m："))
#处理部分和输出部分
for i in range(m):
```

```
    for j in range(m):
        if j<=i:
            print("*",end="")
    print("\n")
```

【运行结果】

```
请输入一个正整数m：4
*
**
***
****
```

实验8-10：计算前*n*项立方和

【实验要求】

从键盘输入一个正整数*n*，计算$1^3+2^3+\cdots+n^3$的和。

【实验步骤】

运行IDLE软件。打开“D:\EXEC08_Part1\EXEC08_gaicuo02.py”文件。对参考程序进行分析，并按本实验的功能要求改正程序中出现的错误。将改正后的程序另存在“D:\EXEC08_Part2”文件夹下，并将文件命名为“EXEC08_gaicuo02_daan.py”。

【参考程序】

```
'''
文件名称：EXEC08_gaicuo02.py
题目内容：从键盘输入一个正整数n，计算前n项的立方和。
'''
#输入部分
num=eval(input("请输入一个正整数："))
#处理部分和输出部分
if num<=0:
    print("请输入一个正整数.")
else:
    sum=0
    for i in range(num):
        sum+=i**3
    print("前{}个数的立方和是：{}".format(num,sum))
```

【实验解析】

（1）尝试运行程序后可以发现运算部分产生了计算错误，没有得出期待的结果。通过错误结果和正确结果比对，会发现计算时丢了最后一个值。

（2）错误原因：range(num)中的num没有取到。

（3）改正思路：要想取到num值，应该写成range(num+1)。

【参考答案】

```
'''
文件名称：EXEC08_gaicuo02_daan.py
题目内容：从键盘输入一个正整数n，计算前n项的立方和。
'''
#输入部分
num=eval(input("请输入一个正整数："))
```

```
#处理部分和输出部分
if num<=0:
    print("请输入一个正整数.")
else:
    sum=0
    for i in range(num+1):
        sum+=i**3
    print("前{}个数的立方和是：{}".format(num,sum))
```

【运行结果】

```
请输入一个正整数：9
前9个数的立方和是：2025
```

8.3.3 补全程序练习

实验8-11：斐波那契数列

【实验要求】

补全程序，实现以下功能：输入一个正整数*n*，输出第*n*项斐波那契数列数值。例如：*n*=6，结果输出8（提示：斐波那契数列为：1，1，2，3，5，8，13……）。

【实验步骤】

打开“D:\EXEC08_Part1\ EXEC08_buquan01.py”文件。分析程序，并按本实验功能要求补全两行星号之间的程序。将补全后的程序另存在“D:\EXEC08_Part2”文件夹下，并将文件名命名为“EXEC08_buquan01_daan.py”。

【参考程序】

```
'''
文件名称：EXEC08_buquan01.py
题目内容：补全程序，实现以下功能：输入一个正整数n，输出第n项斐波那契数列数值。
例如：n=6，结果输出8。（提示：斐波那契数列为：1，1，2，3，5，8，13……）
'''
#输入部分
n=eval(input("请输入一个正整数："))
#处理部分和输出部分
first=1
second=1
if n<=2:
    print("斐波那契数列第{}项为：{}".format(n,first))
else:
    for i in range(2,n):
        temp=first+second
        #******************

        #******************
    print("斐波那契数列第{}项为：{}".format(n,second))
```

【实现思路】

（1）在数学上，斐波那契数列以被递推的方法定义为：

$$F(0)=0,\ F(1)=1,\ F(n)=F(n-1)+F(n-2)\ (n\geqslant 2,\ n\in N)$$

（2）在两行星号之间利用递推公式分别写出first和second的值。

【参考答案】

```
'''
文件名称：EXEC08_buquan01_daan.py
题目内容：补全程序，实现以下功能：输入一个正整数n，输出第n项斐波那契数列数值。
例如：n=6，结果输出8。(提示：斐波那契数列为：1，1，2，3，5，8，13……)
'''
#输入部分
n=eval(input("请输入一个正整数："))
#处理部分和输出部分
first=1
second=1
if n<=2:
    print("斐波那契数列第{}项为：{}".format(n,first))
else:
    for i in range(2,n):
        temp=first+second
        #******************
        first=second
        second=temp
        #******************
    print("斐波那契数列第{}项为：{}".format(n,second))
```

【运行结果】

```
请输入一个正整数：6
斐波那契数列第6项为：8
```

实验8-12：找出特殊数字

【实验要求】

补全程序，实现以下功能：找到并输出[100，200]之间第一个能被21整除的整数。

【实验步骤】

打开“D:\EXEC08_Part1\ EXEC08_buquan02.py”文件。分析程序，并按本实验功能要求补全两行星号之间的程序。将补全后的程序另存在“D:\EXEC08_Part2”文件夹下，并将文件名命名为“EXEC08_buquan02_daan.py”。

【参考程序】

```
'''
文件名称：EXEC08_buquan02_daan.py
题目内容：补全程序，实现以下功能：找到并输出 [100，200] 之间第一个能被21整除的整数。
'''
#处理部分和输出部分
for i in range(100,201):
    if i%21!=0:
        #******************

        #******************
    print(i)
    #******************
```

```
    #******************
```

【实现思路】

（1）题目要求找到[100，200]之间第一个能被21整除的整数，程序里给出了if i%21!=0的条件，也就是说，当这个数不能被21整除的时候，程序要进行下一次循环，所以第一个缺省的语句应该填写continue。

（2）一旦找到第一个能被21整除的数，打印出来之后就完成了题目的任务，此时就应该跳出该循环了，所以第二个缺省的语句应该填写 break。

（3）break用来跳出当前层次的循环；continue用来结束当前当次循环，进行到下一次循环当中。

【参考答案】

```
'''
文件名称：EXEC08_buquan02_daan.py
题目内容：补全程序，实现以下功能：找到并输出 [100,200] 之间第一个能被21整除的整数。
'''
#处理部分和输出部分
for i in range(100,201):
    if i%21!=0:
        #******************
        continue
        #******************
    print(i)
    #******************
    break
    #******************
```

【运行结果】

```
105
```

实验8-13：利用给定公式计算π值

【实验要求】

（1）补全程序，实现以下功能：利用公式计算π值，当通项的绝对值小于等于10^{-8}时停止计算。

（2）计算公式如下：

$$\frac{\pi}{4}=1-\frac{1}{3}+\frac{1}{5}-\frac{1}{7}+\cdots$$

（3）输出π值，保留小数点后20位。

【实验步骤】

打开“D:\EXEC08_Part2\EXEC08_buquan03.py”文件。分析程序，并按本实验功能要求补全“参考程序”中（1）和（2）处的程序。将补全后的程序另存在“D:\EXEC08_Part2”文件夹下，并将文件名命名为“EXEC08_buquan03_daan.py”。

【参考程序】

```
'''
```

```
文件名称：EXEC08_buquan03.py
题目内容：计算π值。
'''
import math
#输入部分
x =1                    #x用于存放每一项的结果
value =0                #value用于存放计算π的结果
sign =1                 #sign用于控制每一项的符号
k =1                    #k用于存放每一项的分母

#处理部分
#计算π值
while #***（1）***#:
    #*****（2）*********
value *=4

#输出部分，保留小数点后20位小数
print("π={:.20f}".format(value))
'''
期待的运行结果如下：
π=3.14159263359025064943
'''
```

【实现思路】

（1）通过两行星号所在位置可以得知，要补全的部分是处理部分的代码。

（2）根据题意，通项的绝对值小于或等于10^{-8}时停止计算，因此判断循环是否满足停止条件为math.fabs(x)>math.pow(10,-8)。

（3）根据题目中给出的计算公式寻找规律，写出循环中的语句体。分数的分母为1、3、5、7……的奇数序列，且奇数项为正，偶数项为负，进行求和相加。

【参考答案】

```
'''
文件名称：EXEC08_buquan03_daan.py
题目内容：计算π值
'''
import math

#输入部分
x =1                    #x用于存放每一项的结果
value =0                #value用于存放计算π的结果
sign =1                 #sign用于控制每一项的符号
k =1                    #k用于存放每一项的分母

#处理部分
#计算π值
while math.fabs(x)>math.pow(10,-8):
    value += x
    k +=2
    sign *=-1
    x = sign / k
```

```
value *=4

#输出部分，保留小数点后20位小数
print ("π={:.20f}".format(value))
```

【运行结果】

```
π=3.14159263359025064943
```

【实验解析】

（1）因为无法获知共有多少项数据，所以本题使用while循环语句。每一项的生成是关键。

（2）因为while循环计算的是π/4，所以为了计算π的值，还需要将value的值再乘以4。即在while循环的下方再添加一行value*=4的语句。

（3）本题运行时，会多次在while循环中运行，需等待一段时间后，才能看到结果。

8.3.4 能力拓展

实验8-14：生成无重复三位数字

扫一扫

实验8-14
参考答案等

【实验要求】

有1、2、3、4四个数字，求这四个数字能生成多少个互不相同且无重复数字的三位数。

【实验步骤】

运行IDLE软件。在D盘下的“EXEC08_Part2”文件夹中，新建一个Python脚本文件，并命名为“EXEC08_tuozhan01.py”。按题目功能要求，编写程序。

【实现思路】

利用IPO方法对问题进行分块：

- 输入部分：利用一个变量统计个数。
- 处理部分：利用循环嵌套分别让个位、十位、百位循环这四个数字，共有4×4×4=64种组合情况，如果符合各个数位上的数互不相同，计数变量增1。
- 输出部分：输出结果。

实验8-15：统计各类字符个数

扫一扫

实验8-15
参考答案等

【实验要求】

用户从键盘输入一行字符，分别统计输出其中英文字符、数字、空格和其他字符的个数。

【实验步骤】

运行IDLE软件。在D盘下的“EXEC08_Part2”文件夹中，新建一个Python脚本文件，并命名为“EXEC08_tuozhan02.py”。按题目功能要求，编写程序。

【实现思路】

利用IPO方法对问题进行分块：

- 输入部分：通过键盘输入任意一个字符串，利用四个变量存储统计个数。
- 处理部分：使用 for 循环遍历字符串，再使用多分支结构分别统计四种情况的个数。
- 输出部分：输出结果。

实验8-16：打印等腰三角形（选学）

【实验要求】

扫一扫

实验8-16
参考答案等

输入一个正整数n，打印由n行的多个“*”组成的等腰三角形。例如：n=4，则图形为：

```
   *
  ***
 *****
*******
```

【实验步骤】

运行IDLE软件。在D盘下的“EXEC08_Part2”文件夹中，新建一个Python脚本文件，并命名为“EXEC08_tuozhan03.py”。按题目功能要求，编写程序。

【实现思路】

利用IPO方法对问题进行分块：

- 输入部分：通过键盘输入任意一个正整数n。
- 处理部分和输出部分：使用for循环嵌套解决本题，外层for循环控制行数，内层for循环控制每一行的输出。每一行由两部分组成，一个是空格数，另外一个是“*”的个数。第i行的空格数和n的关系是：空格数=n-i；第i行“*”的个数和i的关系是：“*”的个数=2*i+1。
- 输出部分：输出结果。

实验8-17：验证用户登录

【实验要求】

扫一扫

实验8-17
参考答案等

编写一个程序，用于验证用户是否正确登录，包括核对用户名和密码。

例如，设定用户名为root，密码为tmu。若正确登录，则输出“用户登录成功”；若登录失败，则输出“登录失败，您还剩×次机会”。注意登录仅有三次机会，若登录超过三次，则会输出“超过三次，登录失败”。

【实验步骤】

运行IDLE软件。在D盘下的“EXEC08_Part2”文件夹中，新建一个 Python 脚本文件，并命名为“EXEC08_tuozhan04.py”。按题目功能要求，编写程序。

【实现思路】

（1）题目要求登录仅有三次机会，这是一个已知次数的循环，所以可以选择 for 循环解决问题。

（2）在循环体里利用分支结构进行判断。如果正确登录，说明用户名和密码都输入无误，就直接输出“用户登录成功”，并用break语句跳出循环；如果登录有误，则需要算出还有几次登录机会，并用输出“登录失败，您还剩×次机会”。当第三次登录还是失败时，则会输出“超过三次，登录失败”。

扫一扫

实验8-18：温度平均值及最大值

【实验要求】

实验8-18
参考答案等

（1）题目功能：求最近几天气温的平均值及最大值。

（2）题目要求：用户输入最近几天的气温，用逗号分隔，输出温度的平均值及最高温度。

（3）格式要求：保留两位小数。

【实验步骤】

运行IDLE软件。在D盘下的“EXEC08_Part2”文件夹中，新建一个 Python 脚本文件，并命名为“EXEC08_tuozhan05.py”。按题目功能要求，编写程序。

【实现思路】

（1）用户输入最近几天的温度，用逗号分隔，赋值给字符串变量。

（2）用字符串的split()方法分割每一天的温度值，返回近期温度值列表。

（3）计算温度平均值，利用for循环先将温度值相加，再除以列表长度，即天数。

（4）利用内置数值运算函数max()计算温度的最高值。max()函数的参数可为列表类型，因此可直接用字符串的split()方法的返回值做参数。

实验 9

random 库的使用

9.1 实验目的

1. 了解random库的作用。
2. 掌握random库常用函数的使用方法。
3. 学习利用random库的常用函数编写稍复杂的程序。

9.2 知识巩固

1. 基本随机数函数 random()

（1）具体内容：random() 函数用于生成 [0.0, 1.0) 范围内的随机浮点数。

（2）详细说明：

① 使用时要写为random.random()。前面的random是库名，后面的random是函数名。

② 例如：a=random.random()，会随机生成一个[0.0, 1.0)范围内的随机小数，并赋值给变量*a*。

2. 随机整数函数 randint()

（1）具体内容：randint(a, b)可生成一个[*a*，*b*]范围内的随机整数。

（2）详细说明：

① 使用时写为：random.randint(a, b)。

② 例如：random.randint(1, 10)可以随机生成一个1到10的整数。

3. 随机整数函数 randrange()

（1）具体内容：randrange(start, stop[, step]) 用于生成一个指定范围内的随机整数。

（2）详细说明：

① 这个范围由start（包含）和stop（不包含）参数定义，即生成的随机数范围是[start, stop-1]，并且可以通过可选的step参数来指定步长。如果省略step参数，则步长默认为1。

② 使用时写为：random.randrange(start, stop[, step])。

③ 例如：random.randrange(10, 50, 2)可以随机生成一个[10，50)以步长为2的整数，即在整数10、12、14、…、48之间，随机返回一个数字。

4. 随机小数函数 uniform()

（1）具体内容：uniform(a,b)用于生成一个[*a*，*b*]之间的随机小数。

（2）详细说明：

例如：random.uniform(2,6) 可以随机生成一个[2，6]之间的一个小数。

5. 随机选择函数 choice()

（1）具体内容：choice(sequence) 用于从非空序列类型中随机选取一个元素。

（2）详细说明：

① 使用时写为：random.choice(sequence)。

② 该函数常用来在列表类型的数据集中随机挑选一个数据。

③ 例如：random.choice('python')可以在python的六个字符中，随机选取一个字符。

6. 随机选择函数 sample()

（1）具体内容：sample(population, k)用于从序列population中随机获取*k*个元素。

（2）详细说明：

① 使用时写为：random.sample(population, k)。

② 例如：random.sample ('python',2)可以在python的六个字符中，随机选取两个字符。

7. 序列随机化函数 shuffle()

（1）具体内容：shuffle(x[, random]) 将序列类型中的元素随机排列，返回打乱后的序列。

（2）详细说明：

① 使用时写为：random.shuffle(x[, random])。

② 这个函数会直接修改传入的序列，而不是返回一个新的序列。

③ 注意：参数*x*是一个可变的序列类型，例如，参数*x*可以为列表、数组类型，但不能是字符串类型或者元组等不可变类型。

8. 种子函数 seed()

（1）具体内容：seed(a=None)用于初始化随机数生成器的种子。

（2）详细说明：

① 使用时写为：random.seed()。参数a默认为当前系统时间，例如：random.seed(2024)。

② 随机数生成器是基于算法来产生伪随机数的，这意味着如果以相同的种子值开始，随机数生成器将产生相同的随机数序列。因此，seed()函数允许控制随机数生成的起始点，这对于需要可重复结果的情况非常有用。

9.3 实验内容

9.3.1 基础实验

实验 9-1：利用随机函数分别生成红绿蓝三个数字，并利用 turtle 语句展示生成效果

【实验要求】

利用随机函数分别生成代表红、绿、蓝的三个数字并展示效果。

【实验步骤】

运行IDLE软件。在D盘下新建一个文件夹，命名为“EXEC09_Part2”。在“D:\EXEC09_Part2”文件夹下，新建一个Python脚本文件，并将其命名为“EXEC09_jichu01.py”。

【参考程序】

```
'''
```

```
文件名称：EXEC09_jichu01.py
题目内容：利用随机函数分别生成代表红、绿、蓝的三个数字并展示效果。
'''
#随机生成颜色部分
import random                    #导入随机函数库random，并利用random函数产生随机数
#把产生的三个随机数分别赋值给红绿蓝3个变量
red=random.random()
green=random.random()
blue=random.random()
print("生成的颜色为：{:.2f},{:.2f},{:.2f}".format(red,green,blue))

#利用简单的 turtle 语句展示颜色效果
import turtle
turtle.pencolor(red,green,blue)  # Python语言中默认的颜色表示是0到1之间的一个数
turtle.pensize(20)               # 设置画笔粗细为 20 像素
turtle.circle(100)               # 设置圆的半径为 100 像素
```

【运行结果】

```
生成的颜色为：0.89,0.76,0.47
```

绘图效果如图9-1所示。

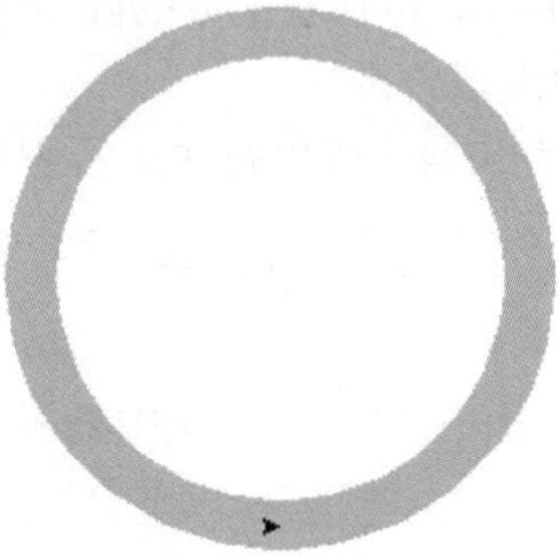

图 9-1　颜色展示

【实验解析】

（1）每一种颜色的呈现是由红、绿、蓝三种颜色共同决定的。在Python语言中，默认设定中每一种颜色的取值范围是0到1之间，所以利用随机函数分别为红、绿、蓝三种颜色在0到1范围内各随机取得一个数值。

（2）为了展示颜色的效果，可以利用turtle库的绘图来实现。为了效果更加明显，本程序将画笔的粗细调整为20像素，并绘制了一个圆来展示颜色的效果。

实验9-2：随机选取一个0到100之间的奇数

【实验要求】

利用随机函数产生要求的结果。

【实验步骤】

运行IDLE软件。在“D:\EXEC09_Part2”文件夹下，新建一个Python脚本文件，并将其命名为“EXEC09_jichu02.py”。

【参考程序】

```
'''
文件名称：EXEC09_jichu02.py
题目内容：随机选取一个 0 到 100 之间的奇数。
'''
import random
random.seed(2024) #为了实验效果的可参照性，利用seed()函数使得每次产生的结果都是一样的
number = random.randint(0,99) #利用随机函数生成0到99之间的随机数

if number%2==0:                    #利用条件判断语句对产生的随机数进行筛选
    even_number=number+1
    print('选中的奇数为{}'.format(even_number))
else:
    print('选中的奇数为{}'.format(number))
```

【运行结果】

```
选中的奇数为61
```

【实验解析】

（1）randint() 函数将产生指定范围内的整数。

（2）为保证结果为奇数，使用if语句判断生成的随机整数能否被2整除，即对数值的奇偶性进行判断。如果是偶数则加1变成奇数。

（3）因为程序指定了种子数为2024，所以每次运行程序后，输出结果都是61。

实验9-3：从一个给定的字符串中随机选取4个字符组成新字符串

【实验要求】

给定字符串“ilikepython”，利用随机函数，从中随机选取四个字符组成新的字符串。

【实验步骤】

运行IDLE软件。在“D:\EXEC09_Part2”文件夹下，新建一个Python脚本文件，并将其命名为“EXEC09_jichu03.py”。

【参考程序】

```
'''
文件名称：EXEC09_jichu03.py
题目内容：从一个给定字符串中随机选取4个字符组成新字符串。
'''
import random
random.seed(2024)                         #定义种子，更加便于结果的一致性
str=''                                    #定义一个空字符串
s ='ilikepython'                          #示例字符串

#利用循环结构和随机函数随机取得4个字符并加入新字符串
for i in range(4):
    random_char = random.choice(s)
    str+=random_char
print('选出的字符为：',str)
```

【运行结果】

```
选出的字符为：tioe
```

【实验解析】

（1）choice()函数可以从一个字符串中随机返回一个字符。

（2）for循环可以使程序多次重复随机取字符的过程。

实验9-4：猜数游戏1

【实验要求】

（1）在程序中生成一个0～9之间的整数。

（2）让用户通过键盘输入所猜的数字，如果大于预设的数，则显示“猜大了”；如果小于预设的数，则显示“猜小了”；如果猜对了，则显示“猜对了”。

【实验步骤】

运行IDLE软件。在D盘下的“EXEC09_Part2”文件夹中，新建一个Python脚本文件，并命名为“EXEC09_jichu04.py”。按题目功能要求，编写程序。

【实现思路】

（1）导入random库，并利用随机函数产生一个0～9之间的整数。

（2）利用input()语句输入用户猜测的数字。

（3）利用if语句对用户猜的数字与生成的随机数进行比对。

（4）根据比对结果，利用print()语句输出猜测结果。

【参考答案】

```
'''
文件名称：EXEC09_jichu04.py
题目内容：猜数字游戏。
'''

import random
x=random.randint(0,9)
guess=eval(input('请输入一个0~9之间的数字：'))
if guess==x:
    print('猜对了')
elif guess<x:
    print('猜小了')
else:
    print('猜大了')
```

【运行结果】

```
请输入一个0～9之间的数字：4
猜大了
```

【实验解析】

（1）由于本实例没有通过seed()函数指定种子数，所以运行结果也有可能出现另外两种结果。

（2）程序编写者可以多次运行此程序，再输入同一个数字，查看另外两种结果的情况。

9.3.2 补全程序练习

实验9-5：随机生成一个点的横纵坐标，计算并输出该点到原点的距离

【实验要求】

利用random.random()函数随机生成一个点的横坐标和纵坐标。计算并输出该点到原点的距离（结果保留一位小数）。

【实验步骤】

打开“D:\EXEC09_Part1\EXEC09_buquan01.py”文件。分析程序，并按本实验功能要求补全两行星号之间的程序。将补全后的程序另存在“D:\EXEC09_Part2”文件夹下，并将文件名命名为“EXEC09_buquan01_daan.py”。

【参考程序】

```
'''
文件名称：EXEC09_buquan01.py
题目内容：随机生成一个点的横坐标和纵坐标，计算并输出该点到原点的距离。
'''
import random
import math
#输入部分
#******************

#******************

#处理部分
d=math.sqrt(x**2+y**2)

#输出部分
print("生成的横坐标为：",x)
print("生成的纵坐标为：",y)
print("该点到原点的距离为：{:.1f}".format(d))
```

【实现思路】

根据题意，要在输入部分的空白处利用random.random()函数分别生成一个点的横坐标x和纵坐标y。再利用math.sqrt()函数求出该点到原点的距离。

【参考答案】

```
'''
文件名称：EXEC09_buquan01_daan.py
题目内容：随机生成一个点的横坐标和纵坐标，计算并输出该点到原点的距离。
'''
import random
import math
#输入部分
#******************
x=random.random()
y=random.random()
#******************

#处理部分
d=math.sqrt(x**2+y**2)
```

```
#输出部分
print("生成的横坐标为：",x)
print("生成的纵坐标为：",y)
print("该点到原点的距离为：{:.1f}".format(d))
```

【运行结果】

```
生成的横坐标为：0.2007619867534739
生成的纵坐标为：0.40065503668324454
该点到原点的距离为：0.4
```

【实验解析】

（1）由于本实例指定利用random.random()函数生成随机数，所以这个点的横纵坐标范围都在0～1之间。

（2）程序编写者也可以利用 random.uniform(a,b)来将横纵坐标设置为*a* ～*b*之间。

实验9-6：随机生成10个体温数据

【实验要求】

（1）利用random.random()函数随机生成10个体温数据，每个体温范围在[36.0，37.5)度之间，每个体温数据保留一位小数。

（2）利用字符串类型的变量存放10个数据，数据之间利用逗号进行分隔。例如，s=36.2，36.8……

【实验步骤】

打开“D:\EXEC09_Part1\ EXEC09_buquan02.py”文件。分析程序，并按本实验功能要求补全两行星号之间的程序。将补全后的程序另存在“D:\EXEC09_Part2”文件夹下，并将文件命名为“EXEC09_buquan02_daan.py”。

【参考程序】

```
'''
文件名称：EXEC09_buquan02.py
题目内容：随机生成10个体温数据，数据之间使用逗号分隔。
'''
import random

#输入部分
data=""
N=10
#处理部分
for i in range(N):
    '''
    因为random.random()函数只能产生[0,1)之间的随机数
    所以通过random.random()*1.5能产生[0,1.5)之间的随机数
    则36+random.random()*1.5能产生[36,37.5)之间的随机数
    '''
    #******************

    #******************
    data=data+str(d)+","
```

```
#删除最后一个逗号
data=data[0:-1]
#输出部分
print("生成的体温数据为：",data)
```

【实现思路】

（1）通过分析可知，需要在两行星号之间利用公式36+random.random()*1.5生成一个范围在 [36，37.5)之间的随机数。

（2）根据题意，还要利用round()函数，将生成的随机数保留一位小数。

（3）通过分析星号下方的代码可知，还需要把该随机数赋值给变量*d*。

【参考答案】

```
'''
文件名称：EXEC09_buquan02_daan.py
题目内容：随机生成10个体温数据，数据之间使用逗号分隔。
'''
import random

#输入部分
data=""
N=10
#处理部分
for i in range(N):
    '''
    因为random.random() 函数只能产生[0,1)之间的随机数
    所以通过random.random()*1.5能产生[0,1.5)之间的随机数
    则 36+random.random()*1.5能产生[36,37.5)之间的随机数
    '''
    #******************
    d=round(36+random.random()*1.5,1)
    #******************
    data=data+str(d)+","
#删除最后一个逗号
data=data[0:-1]
#输出部分
print("生成的体温数据为：",data)
```

【运行结果】

```
生成的体温数据为：36.2,36.0,37.2,36.3,37.1,36.0,36.3,36.7,36.9,36.2
```

【实验解析】

（1）本例通过表达式random.random()*k+b，将生成随机数的范围改变至[b，b+k)。

（2）程序编写者也可以直接利用random.uniform(b,b+k)，产生在[b, b+k]之间的随机数。

9.3.3 能力拓展

实验9-7：猜数游戏2

【实验要求】

（1）在程序中，先随机生成一个0～99之间的整数（预设的数）；再让用户通过键盘输

入一个猜测的数字；如果猜的数字大于预设的数，显示“猜大了”，如果小于预设的数显示“猜小了”；再让用户输入一个数字，进行下一轮判断。如此循环，直到猜中该数为止。如果猜对了，显示“猜对了”。

扫一扫

实验9-7
参考答案等

（2）在猜中数字后，程序还需要输出猜测的总次数。

（3）利用IPO的编程思想，并充分结合前面各章学习的知识，如循环结构、continue 语句和break语句来完成程序。

【实验步骤】

运行IDLE软件。在D盘下的“EXEC09_Part2”文件夹中，新建一个Python脚本文件，并命名为“EXEC09_tuozhan01.py”。按题目功能要求，编写程序。

【实现思路】

（1）导入random库，并利用随机函数产生一个0～99之间的整数。

（2）利用input()语句输入用户猜测的数字。

（3）利用实验9-4中if语句的判断部分，对每次用户猜的数字与预设的数字进行比对。

（4）根据比对结果，利用print()语句输出每次猜测的结果。

（5）因为总的猜测次数未定，所以用while循环实现每次猜数、判断和输出判断结果的功能。

（6）在循环中记录猜测的总次数，并在猜中后输出猜测的总次数。

实验9-8：利用随机函数产生三个四位随机数字密码并分配给三个用户

【实验要求】

先利用随机函数产生三个四位由数字组成的密码，再利用字符连接的功能把这些密码与三个用户分别结合在一起，最后将结果输出。

扫一扫

实验9-8
参考答案等

【实验步骤】

运行IDLE软件。在“D:\EXEC09_Part2”文件夹下，新建一个Python脚本文件，并将其命名为“EXEC09_tuozhan02.py”。

【实现思路】

（1）导入 random 库后，利用random.randint(0,9)函数生成一个0~9之间的数字密码。

（2）利用str()函数将生成的数字密码转换为字符串类型的密码。

（3）利用4次for循环和字符串连接符“+”，将字符串类型的密码连接成一个四位密码。

（4）再利用3次for循环和字符串连接符“+”，最终生成三位用户和密码的结果。

实验 10

函数和代码复用

10.1 实验目的

1. 掌握函数的组成。
2. 掌握函数的调用过程。
3. 掌握可选参数和可变数量参数。
4. 掌握函数的返回值。
5. 掌握全局变量和局部变量。
6. 熟悉函数的递归。
7. 掌握代码复用和模块化设计。
8. 掌握Python内置函数。

10.2 知识巩固

1. 函数的组成

（1）具体内容：Python语言使用def保留字定义一个函数，语法形式如下：

```
def <函数名>(<参数列表>):
    <函数体>
    return <返回值列表>
```

（2）详细说明：

① 函数名可以是任何有效的Python标识符。

② 参数列表是调用该函数时传递给它的值，可以有0个、1个或多个参数。

③ 当传递多个参数时，各参数之间用逗号分隔。

④ 当没有参数时也要保留圆括号。

⑤ 函数定义中参数列表里面的参数是“形参”。

⑥ 函数体是函数每次被调用时执行的代码，由一行或多行语句组成。

⑦ 当需要返回值时，使用保留字return和返回值列表，否则函数可以没有return语句。

2. 函数的调用过程

（1）具体内容：函数调用和执行的一般形式如下：

```
<函数名>(<参数列表>)
```

此时参数列表中给出要传入函数内部的参数，称为“实参”。

（2）详细说明：

① 调用程序在调用处暂停执行。

② 在调用时将“实参”复制给函数的“形参”。

③ 执行函数体语句。

④ 函数调用结束给出返回值，程序回到调用前的暂停处继续执行。

3. 函数的参数传递

（1）具体内容：传入参数的方法有位置参数、可选参数、可变参数、关键字参数和命名关键字参数，以及各种参数调用的组合。

（2）详细说明：

① 位置参数（必选参数）：普通的参数叫作位置参数，调用时需要按照位置顺序传递参数值。“实参”默认按位置顺序依次传递给“形参”，若“形参”与“实参”个数不对，程序将报错。

② 可选参数（默认值参数）：如果函数的某些参数在一定情况下需要被“实参”复制，在另一些情况下不需要被“实参”复制，而希望采用默认值时，程序编写者可以在定义函数时直接为这些参数指定默认值，让用户可以更便捷地使用函数。当函数被调用时，如果没有传入对应的“实参”，则使用函数定义时的默认值。这些包含默认值的参数就是可选参数。注：在参数列表中，可选参数必须排在必选参数的后面。

③ 可变参数：可变参数就是允许在调用函数的时候传入多个（大于等于0个）可变数量的参数。可变参数通过在参数前面增加“*”实现。在调用函数时，这些参数被当作元组类型的数据传递到函数中。注：可变参数只能出现在参数列表的最后面。

④ 关键字参数：关键字参数允许在函数调用时使用参数名来指定参数的值，而不限定参数的位置。通常用于规模稍大的程序中，函数定义可能在函数库中，也可能调用距离很远，或函数名称不能反映输入参数含义的情况。这种方式使函数调用更加清晰易懂。

4. 函数的返回值

（1）具体内容：return语句用来退出函数，并将程序返回到函数被调用的位置继续执行。

（2）详细说明：return语句可以同时将0个、1个或多个函数运算后的结果返回给被调用处的变量，多个值以元组类型保存。函数可以没有return语句，此时函数不返回值。

5. 全局变量和局部变量

（1）具体内容：程序中的变量包括全局变量和局部变量两类。

（2）详细说明：

① 全局变量是指在函数之外定义的变量，一般没有缩进，是从定义处到程序的末尾全过程都有效的变量。

② 局部变量是指在函数内部定义和使用的变量，仅在函数内部有效，当函数退出时局部变量将不复存在。

③ Python函数对变量的作用遵守如下原则：

- 简单数据类型（例如整型、浮点型等）变量无论是否与全局变量重名，若在函数内部创建和使用，均是局部变量。函数退出后，局部变量被释放。如果局部变量和全局同名，函数内仅操作局部变量，对全局变量没有影响。
- 简单数据类型变量在用global保留字声明后，作为全局变量使用，函数退出后该变量依然生效，直到程序结束。被global声明过的全局变量，其值可以被函数外或函数内的语句改变。

- 对于组合数据类型的全局变量，如果在函数内部没有被真实创建的同名变量，则函数内部可以直接使用并修改全局变量的值。
- 如果函数内部真实创建了组合数据类型变量，无论是否有同名全局变量，函数仅对局部变量进行操作，函数退出后局部变量被释放，全局变量值保持不变。

6. 代码复用和模块化设计

（1）具体内容：函数是程序的一种抽象，它通过封装实现代码复用，可以利用函数对程序进行模块化设计。

（2）详细说明：

① 函数是程序的一种基本抽象方式，它将一系列代码组织起来通过命名供其他程序使用。函数封装的直接好处是代码复用，任何其他代码只要输入参数即可调用函数，从而避免相同功能代码在被调用处重复编写。当更新函数功能时，所有被调用处的功能都被更新。

② 对程序合理划分功能模块并基于模块设计程序是一种常用方法，被称为“模块化设计”。模块化设计指通过函数或对象的封装功能将程序划分成主程序、子程序和子程序间关系的表达。

③ 模块化设计以功能块为基本单位。模块化设计时，一般有以下两个基本要求：

- 要尽可能合理划分功能块，功能块内部耦合紧密
- 模块间关系要尽可能简单，功能块之间耦合度低。

7. 函数的递归

（1）具体内容：递归定义及使用方法。

（2）详细说明：

① 调用函数自身的方式称为递归。

② 递归有两个基本特征：

- 存在一个或多个基例。
- 所有递归链要以一个或多个基例结尾。

③ 经典递归实例：计算阶乘、斐波那契数列、汉诺塔问题等。

8. Python 内置函数

（1）具体内容：Python 内置函数作用及使用方法。

（2）详细说明：掌握abs()、chr()、eval()、float()、input()、int()、len()、list()、max()、min()、open()、pow()、print()、range()、reversed()、round()、sorted()、str()、tuple()、type()、zip()常用内置函数的功能和用法。

10.3 实验内容

10.3.1 基础实验

实验10-1：编写计算阶乘功能的函数

【实验要求】

编写一个计算阶乘功能的函数，并掌握函数定义的方法和函数调用的方法。

【实验步骤】

运行IDLE软件。在D盘下新建一个文件夹，命名为“EXEC10_Part2”。在“D:\EXEC10_Part2”文件夹下，新建一个Python脚本文件，并将其命名为“EXEC10_jichu01.py”。

【参考程序】

```
'''
文件名称：EXEC10_jichu01.py
题目内容：编写阶乘的函数并验证。
'''
#定义函数
def func_fact(n):   #函数名为func_fact；参数n为函数的输入部分，表示要计算n的阶乘
    #函数处理部分
    result=1
    for i in range(1,n+1):
        result*=i
    #函数输出部分
    return result

#主程序
a=eval(input("请输入一个正整数："))
#调用函数
value=func_fact(a)
#输出部分
print(a,"! =",value)
```

【运行结果】

```
请输入一个正整数：5
5 ! = 120
```

实验10-2：编写计算两个数乘积功能的函数

【实验要求】

编写计算两个数字相乘的函数，并掌握函数定义的方法和函数调用的方法。

【实验步骤】

运行IDLE软件。在“D:\EXEC10_Part2”文件夹下，新建一个Python脚本文件，并将其命名为“EXEC10_jichu02.py”。

【参考程序】

```
'''
文件名称：EXEC10_jichu02.py
题目内容：编写两数相乘的函数并验证。
'''
#定义函数
def func_multi(a,b):   #函数名为func_multi；参数a和参数b表示乘数和被乘数
    #函数处理部分
    result=a*b
    #函数输出部分
    return result

#主程序
n1=eval(input("请输入第一个数字："))
```

```
n2=eval(input("请输入第二个数字："))
#调用函数
value=func_multi(n1,n2)
#输出部分
print(n1,"*",n2,"=",value)
```

【运行结果】

```
请输入第一个数字：3
请输入第二个数字：8
3 * 8 = 24
```

实验10-3：掌握可选参数使用方法

【实验要求】

在IDLE控制台中运行以下命令并观察结果。

【实验步骤】

运行IDLE软件。在IDLE控制台中输入以下命令。

【参考程序】

```
>>>def display(a='Hello',b='world'):
        print(a+b)
>>>display()
>>>display('Hi','Lucy')
>>>display(b='Jim')
>>>display(a='Hi')
>>>display(b='Smith',a='Hi')
>>>display('world')
```

【运行结果】

```
Hello world
Hi Lucy
Hello Jim
Hi world
Hi Smith
worldworld
```

【实验解析】

（1）display()函数将“形参”中的字符串连接并打印输出，形参a和b分别指定了默认参数，即如果不给a或者b传递参数时，它们分别采用默认值。

（2）调用函数display('Hi','Lucy')时，实参的Hi和Lucy将分别复制给形参a和b，所以结果会输出“Hi Lucy”。

（3）调用函数display(b ='Jim')和display(a ='Hi')时，由于指定了特定参数的内容，所以相应的参数会被复制，其余的还是采用默认参数。

（4）调用函数display(b='Smith',a='Hi')时，使用了关键字参数法，即在参数中指定b的值为Smith，a的值为Hi。通过关键字参数法传递参数，函数内参数的顺序可以进行任意更换。

（5）调用函数display('world')时，在给参数指定了默认值后，如果传递参数时不指定参数名，则会从左到右依次进行传递。display('world')没有指定world是传递给a还是b，则默认从左到右匹配，即传递给参数a，所以结果为worldworld。

实验10-4：掌握函数对变量的作用

【实验要求】

通过函数操作，掌握函数对全局变量和局部变量的作用。

【实验步骤】

运行IDLE软件。在“D:\EXEC10_Part2”文件夹下，新建一个 Python 脚本文件，并将其命名为“EXEC10_jichu03.py”。

【参考程序】

```
'''
文件名称：EXEC10_jichu03.py
题目内容：通过函数操作，掌握函数对全局变量和局部变量的作用。
'''
#输入部分
#定义全局变量globalVal
globalVal=50

#定义函数
def f1():  #函数名为 f1；无参数，即函数无输入部分
      #处理部分
      global globalVal
      print(globalVal)
      globalVal=100
      localVal=20
      #函数没有 return 语句，本函数无输出部分

#调用函数
f1()
#输出部分
print(globalVal)
print(localVal)
```

【运行结果】

```
50
100
Traceback (most recent call last):
  File "D:/EXEC10_Part2/EXEC10_jichu03.py",line 24, in <module>
    print(localVal)
NameError: name'localVal'is not defined
```

【实验解析】

（1）全局变量是指在函数外定义的变量，它在程序中任何位置都可以被访问。局部变量是指在函数内定义的变量，只在定义它的函数内生效。

（2）函数中只能访问全局变量，但不能直接修改全局变量。若要在函数内部修改全局变量的值，需要先在函数内部使用关键字global进行声明。声明后，在函数f1()中，全局变量globa1Val的值被修改为100。

（3）f1()函数内部创建的简单数据类型仅在函数内部使用，函数退出后变量被释放。因此在程序最后打印输出变量localVal的值时，程序报错。

实验10-5：掌握函数的 return 多个返回值使用方法

【实验要求】

掌握return语句的使用方法。

【实验步骤】

运行IDLE软件。在“D:\EXEC10_Part2”文件夹下，新建一个Python脚本文件，并将其命名为“EXEC10_jichu04.py”。

【参考程序】

```
'''
文件名称：EXEC10_jichu04.py
题目内容：函数的多个返回值。
'''
#定义函数
def add_sub(a,b):    #函数的输入部分：a和b
    #函数的处理部分a+b和a-b。函数的输出部分为return语句。
    return a+b,a-b

#主程序
#输入部分
x,y=eval( input ("请输入a和b的值："))
#处理部分和输出部分
z=add_sub(x,y)
print(type(z))
print("a+b={}".format(z[0]) ,"a-b={}".format(z[1]))
s,d=add_sub(x,y)
print("a+b={}".format(s) ,"a-b={}".format(d))
```

【运行结果】

```
请输入a和b的值：1,2
<class 'tuple'>
a+b=3 a-b=-1
a+b=3 a-b=-1
```

【实验解析】

（1）add_sub()函数包含两个“形参”，函数计算这两个数的和与差，并同时返回计算结果。

（2）执行语句z=add_sub(x,y)后，函数add_sub()返回两个值，将返回值赋值给z，此时z的类型为元组tuple，可用元组的索引输出每部分内容。元组的详细用法详见“实验11”的内容。

（3）也可以将函数返回值直接进行多重赋值，并打印变量s和变量d的值。

实验10-6：掌握函数的调用过程

【实验要求】

输入四个数字，利用函数嵌套方法计算并输出这四个数字的最大值。

【实验步骤】

运行IDLE软件。在“D:\EXEC10_Part2”文件夹下，新建一个Python脚本文件，并将其命名为“EXEC10_jichu05.py”。

【参考程序】

```
'''
文件名称：EXEC10_jichu05.py
题目内容：输入四个数字，利用函数嵌套方法计算并输出这四个数字的最大值。
'''
#定义函数
def max2(x,y):                          #函数的输入部分：x 和 y
    #函数处理和输出部分
    if x>y:
        return x
    else:
        return y

def max4(a,b,c,d):                      #函数的输入部分：a, b, c, d
    #函数处理和输出部分
    return max2(max2(max2(a,b),c),d)

#输入部分
a,b,c,d=eval(input("请输入4个数:a,b,c,d:"))
#处理部分
max_num=max4(a,b,c,d)
#输出部分
print("最大值为:",max_num)
```

【运行结果】

```
请输入4个数字：1,2,3,4
最大值为： 4
```

【实验解析】

（1）本实例定义了计算两个数值最大值的函数。

（2）函数的“实参”可以是常量、变量、表达式、函数等，无论“实参”是何种类型的量，在进行函数调用时，必须有确定的值。本实例利用函数 max2(a,b)的返回值，即两个数值的最大值，作为“实参”再次调用函数max2(max2(a,b),c)，计算三个数值的最大值。最终经过函数的三层嵌套调用，计算出四个数值的最大值。

10.3.2　程序改错练习

实验10-7：掌握函数定义及调用方法

【实验要求】

改正程序，实现以下功能：打印输出0～9数字。

【实验步骤】

运行IDLE软件。打开“D:\EXEC10_Part1\EXEC10_gaicuo01.py”文件。对参考程序及其运行结果进行分析，并按本实验的功能要求改正程序中出现的错误。将改正后的程序另存在“D:\EXEC10_Part2”文件夹下，并将文件名命名为“EXEC10_gaicuo01_ daan.py”。

【参考程序】

```
'''
文件名称：EXEC10_gaicuo01.py
题目内容：打印输出 0~9 数字。
'''
#定义函数
def printNum():                    #函数无参数即无输入
    #函数处理部分
    for i in range(0,10):
        print(i ,end=' ')
        #函数输出部分
        return

#调用函数
printNum()
```

【运行结果】

```
0
```

【实验解析】

（1）程序无报错，但输出结果与题目要求不符，因此判断为语义错误。

（2）错误原因：经检查发现，printNum()只打印输出了第一个数字0，循环便终止运行。因为第一次在for循环中执行return语句后，控制权返回给了函数调用者，因此for循环只运行了一次，只输出了一个数字。

（3）改正思路：for循环按照终止条件（i<10）都运行完成后，才应终止函数，并将控制权返回，因此应将return写在for循环外侧。

【参考答案】

```
'''
文件名称：EXEC10_gaicuo01_daan.py
题目内容：打印输出 0~9 数字。
'''
#定义函数
def printNum():                    #函数无参数即无输入
    #函数处理部分
    for i in range(0,10):
        print(i ,end=' ')
    #函数输出部分
    return

#调用函数
printNum()
```

【运行结果】

```
0 1 2 3 4 5 6 7 8 9
```

实验10-8：掌握可选参数使用的注意事项

【实验要求】

改正程序，实现以下功能：定义函数，打印输出*n*次“Happy Birthday”。

【实验步骤】

运行IDLE软件。打开“D:\EXEC10_Part2\EXEC10_gaicuo02.py”文件。对参考程序及其运行结果进行分析，并按本实验的功能要求改正程序中出现的错误。将改正后的程序另存在“D:\EXEC10_Part2”文件夹下，并将文件名命名为“EXEC10_gaicuo02_daan.py”。

【参考程序】

```
'''
文件名称：EXEC10_gaicuo02.py
题目内容：打印输出n次"Happy Birthday"。
'''
#定义函数
def nPrintMessage (message="Happy Birthday", n):  #函数的输入部分：message,n
    #函数的处理和输出部分
    for i in range(n):
        print(message)

#调用函数
nPrintMessage(3)
```

【运行结果】

```
parameter without a default follows parameter with a default
```

【实验解析】

（1）尝试运行程序后，光标停留在第6行的参数n处，并弹出语法错误的报错信息：parameter without a default follows parameter with a default。

（2）错误原因：本题把可选参数message="Happy Birthday"放在了位置参数n的前面。当函数有多个参数时，应将位置参数放在前面，可选参数放在后面。

（3）改正思路：定义函数时，将参数n作为第一个参数，将参数message="Happy Birthday"作为第二个参数。

【参考答案】

```
'''
文件名称：EXEC10_gaicuo02_daan.py
题目内容：打印输出n次 "Happy Birthday"。
'''
#定义函数
def nPrintMessage (n,message="Happy Birthday"): #函数的输入部分：n,message
    #函数的处理和输出部分
    for i in range(n):
        print(message)

#调用函数
nPrintMessage(3)
```

【运行结果】

```
Happy Birthday
Happy Birthday
Happy Birthday
```

实验10-9：掌握位置参数使用的注意事项

【实验要求】

改正程序，实现以下功能：定义函数，打印输出参数的值。

【实验步骤】

运行IDLE软件。打开“D:\EXEC10_Part2\EXEC10_gaicuo03.py”文件。对参考程序进行分析，并按本实验的功能要求改正程序中出现的错误。将改正后的程序另存在“D:\EXEC10_Part2”文件夹下，并将文件名命名为“EXEC10_gaicuo03_daan.py”。

【参考程序】

```
'''
文件名称：EXEC10_gaicuo03.py
题目内容：打印输出参数的值。
'''
#定义函数
def display(a, b):          #函数的输入部分：a,b
    #函数的输出部分
    print(a)
    print(b)

#调用函数
display('hello')
```

【运行结果】

```
Traceback (most recent call last):
  File "D:\EXEC10_Part2\EXEC10_gaicuo03.py ", line 12, in <module>
    display('hello')
TypeError: display() missing 1 required positional argument: 'b'
```

【实验解析】

（1）Python 中默认采用位置参数来传递参数。因此，调用函数时必须严格按照函数定义时的参数个数和位置来传递参数。

（2）错误原因：display (a, b) 函数定义了两个“形参”，而调用时只有一个“实参”。

（3）改正思路：修改“实参”个数，按函数定义的要求，在调用函数时，用两个“实参”。

【参考答案】

```
'''
文件名称：EXEC10_gaicuo03_daan.py
题目内容：打印输出参数的值。
'''
#定义函数
def display(a, b):          #函数的输入部分：a,b
    #函数的输出部分
    print(a)
```

```
    print(b)

#调用函数
display('hello','world')
```

【运行结果】

```
hello
world
```

10.3.3　补全程序练习

实验10-10：编写函数，计算学生成绩等级

【实验要求】

（1）补全程序，实现以下功能：判断学生成绩等级。

（2）判断条件：

① 成绩大于100或小于0，判断为无效分数。

② 90≤成绩≤100时等级为A；80≤成绩＜90时等级为B；70≤成绩＜80时等级为C；60≤成绩＜70时等级为D；60分以下时等级为E。

【实验步骤】

打开“D:\EXEC10_Part1\EXEC10_buquan01.py”文件。分析程序，并按本实验功能要求补全两行星号之间的程序。将补全后的程序另存在“D:\EXEC10_Part2”文件夹下，并将文件名命名为“EXEC10_buquan01_daan.py”。

【参考程序】

```
'''
文件名称：EXEC10_buquan01.py
题目内容：判断学生成绩等级。
'''
#函数定义
def printGrade(score):                          #函数的输入部分：score
    #函数的处理部分和输出部分
    #**************

    #**************
    elif score >=90.0:
        print ('A')
    elif score >=80.0:
        print ('B')
    elif score >=70.0:
        print ('C')
    elif score >=60.0:
        print ('D')
    else:
        print ('E')

#主程序：调用函数
printGrade(105)
```

```
printGrade(88)
'''
期待的运行结果如下：
分数范围不正确！
B
'''
```

【实现思路】

（1）通过两行星号所在位置可以得知，要补全的部分是判断分数是否有效的部分。

（2）如果成绩大于100或小于0，应被判断为无效分数。由运行结果可知，提示分数无效时，需输出“分数范围不正确！”，此时，函数printGrade(score)也不需要再执行其他判断语句，应该利用return语句结束函数的执行。

（3）其他几种情况，利用多分支语句分别处理。

【参考答案】

```
'''
文件名称：EXEC10_buquan01_daan.py
题目内容：判断学生成绩等级。
'''
#函数定义
def printGrade(score):        #函数的输入部分：score
    #函数的处理部分和输出部分
    #**************
    if score <0 or score >100:
        print ("分数范围不正确！")
        return
    #**************
    elif score >=90.0:
        print ('A')
    elif score >=80.0:
        print ('B')
    elif score >=70.0:
        print ('C')
    elif score >=60.0:
        print ('D')
    else:
        print ('E')

#主程序调用函数
printGrade(105)
printGrade(88)
```

【运行结果】

```
分数范围不正确！
B
```

实验10-11：编写函数，利用可变参数计算身高的平均值

【实验要求】

补全程序，实现以下功能：计算一组身高数据的平均值。

【实验步骤】

打开“D:\EXEC10_Part1\EXEC10_buquan02.py”文件。分析程序，并按本实验功能要求补全两行星号之间的程序。将补全后的程序另存在“D:\EXEC10_Part2”文件夹下，并将文件名命名为“EXEC10_buquan02_daan.py”。

【参考程序】

```
'''
文件名称：EXEC10_buquan02.py
题目内容：编写函数，利用可变参数计算一组身高数据的平均值。
'''
#函数定义
def averageNum (*nums ):     #函数的输入部分：*nums
    #函数的处理部分和输出部分
    #**************

    #**************

#主程序调用函数
print ("平均数为：",averageNum(174,181,169,185,179))
'''
期待的运行结果如下：
平均数为：177.6
'''
```

【实现思路】

（1）通过两行星号所在位置可以得知，要补全的部分是函数的处理部分和输出部分的代码。

（2）函数averageNum()使用了可变参数。可变参数指的是在函数定义时，该参数可以接收任意个数的参数，可变参数一般在参数名称前加星号（*）表示。在 def averageNum (* nums）的定义中，* nums为可变参数，接收的参数以元组形式保存。

（3）在函数averageNum()中，可变参数nums为元组，保存传入的一组数值。程序遍历参数nums进行求和计算，并将求和结果除以参数个数，求得平均数作为函数返回值返回调用程序。

（4）调用averageNum()函数，给出的参数个数不相同，函数均可正确处理。

【参考答案】

```
'''
文件名称：EXEC10_buquan02_daan.py
题目内容：编写函数，利用可变参数计算一组身高数据的平均值。
'''
#函数定义
def averageNum (* nums ):     #函数的输入部分：*nums
    #函数的处理部分和输出部分
    #**************
    sum=0
    for i in range (len(nums)):
        sum+=nums[i]
    return sum/len(nums)
```

```
    #**************

#主程序调用函数
print ("平均数为：",averageNum (174,181,169,185,179))
```

【运行结果】

```
平均数为：177.6
```

实验10-12：编写函数，判断一个正整数是否为素数

【实验要求】

补全程序，实现以下功能：判断一个正整数是否为素数，即在大于 1 的自然数中，除了1和它本身以外不再有其他因数的自然数。

【实验步骤】

打开“D:\EXEC10_Part1\EXEC10_buquan03.py”文件。分析程序，并按本实验功能要求补全两行星号之间的程序。将补全后的程序另存在“D:\EXEC10_Part2”文件夹下，并将文件名命名为“EXEC10_buquan03_daan.py”。

【参考程序】

```
'''
文件名称：EXEC10_buquan03.py
题目内容：编写函数，判断一个正整数是否为素数。
'''
#函数定义
def prime(n):          #函数的输入部分：n
    #函数的处理部分和输出部分
    #**************

    #**************

#主程序
#输入部分
num=eval(input("请输入要验证的正整数："))
#处理部分和输出部分
if(prime(num)==1):
    print("该数字为素数。")
else:
    print("该数字不是素数。")
'''
期待的运行结果如下：
请输入要验证的正整数：4
该数字不是素数。
'''
```

【实现思路】

（1）通过两行星号所在位置可以得知，要补全的部分是函数处理部分和输出部分的代码。

（2）程序定义了prime(n)函数，接收的“实参”为要判断的整数。

（3）方法一：遍历2到*n*-1之间所有可能的因数，一旦找到了能使整除的因数，即n%i==0，那么*n*就不是素数，函数通过return返回False结束判断；如果一直没找到能够整除

n的数，则return返回True，即该数是一个素数。该方法适用于n是一个较小的数字。若n是一个比较大的数字时，程序需要很长时间才能得到结果，此时需要对方法一进行优化。

方法二：判断一个数是否为素数时，只需判断该数能否被$2\sim\sqrt{n}$之间的整数整除即可，如果都不能整除，则n为素数。

【参考答案1】

```
'''
文件名称：EXEC10_buquan03_daan1.py
题目内容：编写函数，判断一个正整数是否为素数。
'''
#函数定义（方法一）
def prime (n):       #函数的输入部分：n
#函数的处理部分和输出部分
    #**************
    for i in range (2, n):
        if n%i ==0:
            return False
    return True
    #**************

#主程序
#输入部分
num=eval(input("请输入要验证的正整数："))
#处理部分和输出部分
if(prime(num)==1):
    print("该数字为素数。")
else:
    print("该数字不是素数。")
```

【参考答案2】

```
'''
文件名称：EXEC10_buquan03_daan2.py
题目内容：编写函数，判断一个正整数是否为素数。
'''
#函数定义（方法二）
def prime (n):       #函数的输入部分：n
#函数的处理部分和输出部分
    #**************
    for i in range (2, int(n**0.5)+1):
        if n%i ==0:
            return False
    return True
    #**************

#主程序
#输入部分
num=eval(input("请输入要验证的正整数："))
#处理部分和输出部分
if(prime(num)==1):
    print("该数字为素数。")
```

```
else:
    print("该数字不是素数。")
```

【运行结果】

```
请输入要验证的正整数：4
该数字不是素数。
```

10.3.4 能力拓展

实验10-13：计算渔夫打鱼晒网

扫一扫

实验10-13
参考答案等

【实验要求】

（1）题目功能：中国有句俗语叫“三天打鱼，两天晒网”。某人当年1月1日起便开始“三天打鱼，两天晒网”，问这个人在以后的某一天中是在“打鱼”还是“晒网”。

（2）格式要求：输入日期格式为 YYYY-MM-DD，输出这一天渔夫在“打鱼”还是“晒网”。

【实验步骤】

运行IDLE软件。在D盘下的“EXEC10_Part2”文件夹中，新建一个Python脚本文件，并命名为“EXEC10_tuozhan01.py”。按题目功能要求，编写程序。

【实现思路】

（1）程序设计时，把可能需要反复执行的代码封装成函数，然后在需要执行该段代码的地方进行调用，这样可以实现代码的复用。把大的任务拆分成多个函数是“分治法”和“模块化程序设计”的基本思路，有利于复杂问题简单化。本程序可创建以下几个函数：

① 函数isLeap()用于判断年份是否为闰年。

② 函数number()用于计算从当年第一天到查询的日期之间的天数。

（2）输入计算日期。

（3）调用函数模块进行计算，并输出该日期渔夫是在“打鱼”还是“晒网”。

实验10-14：利用递归方法实现斐波那契数列的计算

扫一扫

实验10-14
参考答案等

【实验要求】

（1）题目功能：斐波那契数列（Fibonacci sequence）是一个非常神奇而有趣的数列，又被称为黄金分割数列或兔子数列，由意大利数学家昂纳多·斐波那契在1202年以兔子繁殖为例引入。“假定一对大兔子每月能生一对小兔子，且每对新生的小兔子经过一个月可以长成一对大兔子，具备繁殖能力，如果不发生死亡，且每次均生下一雌一雄，问一年后共有多少对兔子？”，由上可知，第一个月：只有一对兔子；第二个月：仍然只有一对兔子；第三个月：这对兔子生了一对小兔子，共有1+1=2对兔子，第四个月：最初的一对兔子又生一对兔子，共有2+1=3对兔子……，以此类推。

在数学上，斐波那契数列定义为：第0项$F(0)=0$，第一项$F(1)=1$，而后续每一项都是前两项的和，即$F(n)=F(n-1)+F(n-2)(n\geqslant 2)$，因此，斐波那契数列的前几个数字是：0，1，1，2，3，5，8，13，21，34…。

（2）格式要求：输出1 000以内的斐波那契数列元素。

【实验步骤】

运行IDLE软件。在D盘下的“EXEC10_Part2”文件夹中，新建一个Python脚本文件，并命名为“EXEC10_tuozhan02.py”。按题目功能要求，编写程序。

【实现思路】

（1）对于$n>1$，求解$F(n)$只需求出$F(n-1)$和$F(n-2)$。

（2）对于$n=0$和$n=1$，即为递归终止条件$F(0)=0$，$F(1)=1$。

实验10-15：验证哥德巴赫猜想

【实验要求】

扫一扫

实验10-15
参考答案等

（1）题目功能：输入任意一个偶数，验证是否能分解成两个素数的和。

（2）背景分析：1742年，在给欧拉的信中，哥德巴赫提出了以下猜想：任意一个大于2的偶数都可写成两个素数之和。但是哥德巴赫自己无法证明它，于是就写信请教赫赫有名的大数学家欧拉帮忙证明，但是一直到走完他一生，欧拉也无法证明。陈景润在1973年证明了“1+2”，即任一充分大的偶数都可以表示成两个素数的和，或是一个素数和一个半素数的和，这是对哥德巴赫猜想的重要推进。2013年5月，法国国家科学研究院研究员哈洛德·贺欧夫各特发表了两篇论文，宣布彻底证明了哥德巴赫猜想，即证明了任一大于5的奇数都可以写成三个质数之和。尽管如此，哥德巴赫猜想的完全证明仍然是一个开放问题，数学家们仍在努力寻找更简洁、直接的证明方法。

数学上证明哥德巴赫猜想很难，但利用计算机的强大计算能力验证哥德巴赫猜想却很容易。用穷举算法可以对哥德巴赫猜想进行验证。

（3）格式要求：输入要验证的偶数，验证该数字能否分解成两个素数之和，并输出表达式。

【实验步骤】

运行IDLE软件。在D盘下的“EXEC10_Part2”文件夹中，新建一个Python脚本文件，并命名为“EXEC10_tuozhan03.py”。按题目功能要求，编写程序。

【实现思路】

（1）由于需要多次判断一个数是否为素数，所以需要定义判断一个数是否为素数的函数模块。

（2）验证输入的数字n是否可以分解为两个素数之和，设$n=x+y$，分别判断x、y是否为素数。对于大于6的偶数n，从最小奇素数3开始判断x是否为素数，如果x为素数，计算$y=n-x$，再判断y是否是素数，如果y也是素数，则数字n能够分解成两个素数之和。

实验10-16：统计用户输入的不重复的字符串中大小写字母、数字的个数

【实验要求】

扫一扫

实验10-16
参考答案等

（1）题目功能：统计用户输入的不重复的字符串中大小写字母、数字的个数。

（2）格式要求：用户输入多个字符串，直至输入“quit”，完成输入，输出不重复字符串中字母及数字的个数。

【实验步骤】

运行IDLE软件。在D盘下的“EXEC10_Part2”文件夹中，新建一个Python脚本

文件，并命名为“EXEC10_tuozhan04.py”。按题目功能要求，编写程序。

【实现思路】

（1）编写三个函数，分别用于用户输入，统计每一个字符串中字母及数字的个数，以及统计列表中字母数字的个数。

（2）第一个函数appendlist()将用户输入的字符串追加到列表，判断如果输入的字符串不存在于列表中，则追加至列表，从而达到去除重复元素的目的。

（3）第二个函数count_str()利用字符串处理方法isalpha()和方法isdigit()统计一个字符串中字符和数字的个数。

（4）对于列表中的每个元素，第三个函数 count_list() 通过调用函数count_str()，统计整个列表中的字母及数字个数。

（5）使用循环不断接受用户输入，直至用户输入“quit”，则退出循环，利用函数的返回值输出用户输入的字符串中字母及数字的个数。

实验 11

列表与元组

11.1 实验目的

1. 掌握组合数据类型的分类。
2. 掌握序列类型的分类和引用原则。
3. 掌握列表的创建及使用方法。
4. 掌握元组的创建及使用方法
5. 熟悉利用列表和元组编写较复杂程序的方法。

11.2 知识巩固

1. 组合数据类型的分类

组合数据类型分三类：序列类型、集合类型和映射类型。

2. 序列类型

（1）具体内容：用于存储一组有序的元素，每个元素都有一个索引，可以通过索引来访问序列中的元素。序列类型支持双向索引，即正向递增索引和反向递减索引。Python 中的序列类型主要包括字符串（str）、列表（list）和元组（tuple）。

（2）详细说明：

① 字符串：由单一字符组成的有序组合，是不可修改的序列类型。字符串在 Python 中也被视为基本数据类型之一。字符串类型满足序列的各种基本特性。

② 列表：一个可以修改的序列类型，使用灵活。列表中的元素可以是不同类型的数据（包括数字、字符串、其他列表等）。列表类型支持添加、删除、修改等操作。列表使用方括号[]来表示，元素之间用逗号分隔。

③ 元组：一个不可变的序列类型，一旦创建就不能被修改（但可以通过连接组合来创建新的元组）。元组使用圆括号（()）来定义，元素之间用逗号（,）分隔。元组的圆括号也可以省略。

3. 序列的索引原则

（1）具体内容：序列类型（如列表、元组、字符串等）的索引使用规则非常直观。索引用于访问序列中的元素，可以是正数或负数。

（2）详细说明：

① 正数索引。

- 正数索引从0开始，表示序列中从左向右的第一个元素。
- 索引值从左向右依次递增，直到序列的最后一个元素。
- 最后一个元素的索引是序列长度减1。

② 负数索引。

- 负数索引从-1开始，表示序列中从左向右的最后一个元素。
- 索引值从右向左依次递减，直到序列左侧的第一个元素。
- 左侧第一个元素的索引是“-序列长度”。

③ 切片。

除单个索引外，Python还支持使用切片来访问序列的一部分。切片通过指定起始索引（包含）、结束索引（不包含）和步长（可选）来工作。

4. 序列类型的通用操作符和函数

（1）具体内容：序列类型（如列表、元组、字符串等）支持一系列通用的操作符和函数，这些操作符和函数可以用于序列的遍历、索引、切片、连接、重复、长度获取，以及成员检查等。

（2）详细说明：

① 索引s[i]：用于获取序列中下标为i的元素。

② 切片s[start:stop:step]：用于获取序列从start到stop个元素（不包含第stop个元素）以step为步长的子序列。

③ 连接s+t：用于连接两个序列（注意“+”号两端的数据类型必须保持一致）。

④ 重复s*n或n*s（n是一个数字）：用于将序列s重复n次。

⑤ 成员检查x in/not in s：用于检查元素x是否存在于序列s中。

⑥ len(s)：返回序列s的长度（元素个数）。

⑦ min(s)/max(s)：返回序列s中的最小值/最大值。

⑧ sum(s)：返回序列s中所有元素的和（序列中元素的类型必须是数字类型）。

⑨ index(x, [start, [stop]])：用于找出序列中元素第一次出现的索引位置。如果找到了该值，则返回其索引；如果没有找到，则抛出一个“ValueError”异常。可选的start和stop参数用于指定搜索的起始和结束位置（切片风格）。

⑩ s.count(x)：用于计算序列s中元素x出现的次数。注：在序列s中查找到一个x元素后，程序会从这个元素x后的元素继续查找，直到序列s的最后一个元素为止。

5. 列表对象的创建和引用

（1）具体内容：列表使用方括号（[]）来创建，元素之间用逗号（,）分隔。

（2）详细说明：

① 如果列表中只有一个元素，可以直接将它放在方括号内，不需要在元素后面加逗号（但加上逗号也不会出错，只是习惯上不加）。

② 可以使用list()函数将任何可迭代对象（如元组、字符串、范围等）转换为列表。

③ 空的列表可以直接通过两个连续的方括号来定义。

④ 列表可以包含其他列表，可创建复杂的嵌套结构。

⑤ 在Python中，变量是对数据的引用。当创建一个列表并将其赋值给一个变量时，该变量实际上存储的是对列表的引用，而不是列表本身。这意味着如果将列表赋值给另一个

变量，那么这两个变量将引用同一个列表。

6. 列表类型的操作

（1）具体内容：包括列表的索引、切片、追加、插入、删除等操作。

（2）详细说明：

① 追加操作：ls.append(x)可以在列表ls末尾添加一个元素x。

② 插入操作：ls.insert(i, x)可以在列表ls的第i个位置增加元素x。

③ 删除操作：del ls[i: j]可以删除列表ls中的第i到j项（不含第j项）元素。

④ 弹出操作：ls.pop(i)可以删除并返回列表ls中索引为i的元素；若省略参数i，默认删除列表的最后一个元素。

⑤ 移除操作：ls.remove(x)可以删除列表中第一次出现的指定元素。

⑥ 排序操作1：可以使用sorted(ls)函数对列表ls进行递增或递减排序。注：函数的返回值是一个新的列表，而原列表 ls 保持不变。

⑦ 排序操作2：可以使用ls.sort()对列表ls进行排序。此种排序会改变列表ls自身的顺序，即ls.sort()方法可修改原列表，不返回新列表。

⑧ 反转操作：ls.reverse()可以反转列表中元素的顺序。该方法会直接修改原列表，不返回新列表。

⑨ 拷贝操作：ls.copy()可以生成新列表，复制列表ls的所有元素。

⑩ 清空操作：ls.clear()用于删除列表ls中的所有元素，使列表ls变为空列表。该方法没有返回值。该方法会直接修改原列表。

7. 元组类型建立方法

（1）具体内容：元组是通过圆括号来定义的，元素之间用逗号分隔。

（2）详细说明：

① 如果元组中只有一个元素，则需要在元素后面加上逗号，否则Python程序会将其视为该类型的对象而不是元组。例如：a=(1)，此时变量a的类型为int类型；b=(2,)，变量b的类型为元组类型。

② 由于元组是不可变的，因此程序编写者不能直接修改其元素。但可对元组进行多种操作，例如，可以访问元素、遍历元组，以及使用元组作为函数参数或返回值等。如果需要，可以将元组转换为列表类型来间接地修改其中的元素。

③ 可以使用tuple()函数将任何可迭代对象（如列表、字符串等）转换为元组类型。

④ 空元组可以直接通过两个连续的圆括号来定义。

⑤ 元组可以包含其他元组，即允许程序编写者创建复杂的元组。

11.3　实验内容

11.3.1　基础实验

实验11-1：掌握列表切片方法

【实验要求】

观察不同切片模式的运行结果。

【实验步骤】

在IDLE控制台中运行以下命令并观察结果。

【参考程序】

```
>>>List1 = [1,2,3,4,3.14,'天津',[2,5]]
>>>print(List1[1:4])
>>>print(List1[::2])
>>>print(List1[-4:])
```

【运行结果】

```
[2, 3, 4]
[1, 3, 3.14, [2, 5]]
[4, 3.14, '天津', [2, 5]]
```

【实验解析】

（1）因为切片的正索引是从零开始的，到“列表长度-1”结束。题目要求从左向右选取数据，所以List1[1:4]的结果是[2, 3, 4]。

（2）[::2]表示从头开始，到末尾，步长为2，即在整个序列里按要求进行切片。所以结果为[1, 3, 3.14, [2, 5]]。

（3）负索引是下标从-1开始，从右向左计数，List1[-4]对应的数据是4，因此List1[-4:]表示从4开始向右索引，直到最后一个元素，输出结果为[4, 3.14, '天津', [2, 5]]。

实验11-2：掌握列表引用操作

【实验要求】

体会将一个列表赋值给另一个列表不会生成新的列表对象。

【实验步骤】

在IDLE控制台中运行以下命令并观察结果。

【参考程序】

```
>>>original_list = [1, 2, 3]
>>>another_reference = original_list
>>>original_list+=[4]
>>>print(original_list)
>>>print(another_reference)
```

【运行结果】

```
[1, 2, 3, 4]
[1, 2, 3, 4]
```

【实验解析】

（1）original_list变量和another_reference变量都是对实际数据[1, 2, 3]的表示或引用，真实数据只存储了一份。因此修改了original_list的内容，也就同时修改了another_reference的内容。

（2）original_list+=[4]，注意这里“+”是连接的含义，即将列表original_list和列表[4]

执行连接操作。连接后，将结果再次赋值给original_list。

实验11-3：掌握列表和元组相互转换操作

【实验要求】

通过相互转换，体会元组与列表的异同。

【实验步骤】

在IDLE控制台中运行以下命令并观察结果。

【参考程序】

```
>>>my_tuple = (1,2,(3,4),5,'天津')
>>>my_list = list(my_tuple)
>>>my_list.pop(4)
>>>print(my_list)
>>>my_tuple_again = tuple(my_list)
>>>print(my_tuple_again)
```

【运行结果】

```
[1, 2, (3, 4), 5]
(1, 2, (3, 4), 5)
```

【实验解析】

（1）元组与列表最大的差异是，它的元素值与元素个数不可改动。所以要想对元组内容进行修改操作，可以先把它转为列表，再进行修改，最后再把列表转换回元组。

（2）my_list.pop(4) 方法可以把列表中的索引为4的元素弹出。

（3）当不需要再对一个列表中的内容进行任何改动时，再把它转回一个元组。

实验11-4：掌握向列表中追加元素操作

【实验要求】

尝试向列表中追加元素。

【实验步骤】

在IDLE控制台中运行以下命令并观察结果。

【参考程序】

```
>>>List1 = [1,2,3,4]
>>>List1.append('TMU')
>>>print(List1)
```

【运行结果】

```
[1, 2, 3, 4, 'TMU']
```

【实验解析】

（1）利用List1.append()方法可以在列表List1的末尾添加一个元素。

（2）注意本例与“实验11-2”的列表相加的方法的异同。

实验11-5：掌握列表元素排序操作

【实验要求】

建立一个列表List1，利用List1.sort()方法和sorted()函数分别对列表List1进行排序。观察原列表与目标列表的变化，体会二者的区别。

【实验步骤】

在IDLE控制台中运行以下命令并观察结果。

【参考程序】

```
>>>List1 = [3,10,8,4,9,6,2,11,1,2]
>>>sorted_list = sorted(List1)
>>>print(sorted_list)
>>>sorted_list2 = sorted(List1,reverse=True)
>>>print(sorted_list2)
>>>print(List1)
>>>List1.sort()
>>>print(List1)
>>>List1.sort(reverse=True)
>>>print(List1)
```

【运行结果】

```
[1, 2, 2, 3, 4, 6, 8, 9, 10, 11]
[11, 10, 9, 8, 6, 4, 3, 2, 2, 1]
[3, 10, 8, 4, 9, 6, 2, 11, 1, 2]
[1, 2, 2, 3, 4, 6, 8, 9, 10, 11]
[11, 10, 9, 8, 6, 4, 3, 2, 2, 1]
```

【实验解析】

（1）sorted()函数是Python语言的一个内置函数，可以对任意可迭代对象进行排序操作。调用函数后，将返回一个新的排序后的列表，而原列表不会受到影响。默认情况下，sorted()函数按升序进行排序，程序编写者可以利用reverse=True参数按降序进行排序。

（2）List1.sort()方法用于直接对列表List1进行排序。该方法会直接修改原始列表List1，不返回新的列表。程序编写者可以利用reverse=True参数将原列表按降序进行排序。

实验11-6：掌握列表插入和反转操作

【实验要求】

在IDLE控制台中运行以下命令并观察结果。

【实验步骤】

建立一个列表，利用ls.insert()方法定位并向列表中插入元素，再利用ls.reverse()方法将列表元素反转。

【参考程序】

```
>>>List1 = [1,2,4,5]
>>>List1.insert(2, [4,6])
>>>print(List1)
```

```
>>>List1.reverse()
>>>print(List1)
```

【运行结果】

```
[1, 2, [4, 6], 4, 5]
[5, 4, [4, 6], 2, 1]
```

【实验解析】

（1）ls.insert()方法的好处在于可以指定索引位置，这对于列表的灵活操作有很大的好处。

（2）List1.insert(2,[4,6])为在索引为2的位置插入元素[4,6]。

（3）ls.reverse()方法可以直接将列表ls的元素反转，本方法和语句ls=ls[::-1]的效果相同。

实验11-7：掌握通用操作符用法

【实验要求】

体会列表的连接操作、字符串连接、列表重复、字符串重复的方法，学习利用连接符“+”和重复符号“*”去完成实验。

【实验步骤】

在IDLE控制台中运行以下命令并观察结果。

【参考程序】

```
>>>List1 = [1, 2, 3,3.14,'TMU']
>>>List2 = [4, 5, 6,[7,8]]
>>>print(List1 + List2)
>>>str1 = "Hello, "
>>>str2 = "python!"
>>>print(str1 + str2)
>>>List3= [1, 2, 3]
>>>print(List3*2)
>>>str = "python"
>>>print(str * 3)
```

【运行结果】

```
[1, 2, 3, 3.14, 'TMU', 4, 5, 6, [7, 8]]
Hello, python!
[1, 2, 3, 1, 2, 3]
pythonpythonpython
```

【实验解析】

（1）操作符“+”不仅可以连接多个字符串，而且可以连接多个列表或多个元组。

（2）s*n操作中，s代表一个字符串、列表或元组，n代表一个数字，该表达式能够实现字符串、列表或元组元素重复n次的功能。

实验11-8：掌握通用操作符“in”和“not in”的用法

【实验要求】

在IDLE控制台中运行以下命令并观察结果。

【实验步骤】

建立列表，利用“in”与“not in”操作符来判断指定元素是否属于列表。

【参考程序】

```
>>>List1 = [1, 2, 3, 4, 5]
>>>print(2 in List1)
>>>print(6 not in List1)
>>>print(5 not in List1)
```

【运行结果】

```
True
True
False
```

【实验解析】

（1）利用“in”和“not in”判断一个元素属于或不属于一个列表，结果为逻辑真或逻辑假。

（2）“in”表示若元素属于该列表则返回“True”，即逻辑真；若不属于则返回“False”，即逻辑假。

（3）“not in”表示若元素不属于该列表则返回“True”；若属于则返回“False”。

（4）“in”和“not in”也适用于字符串和元组类型。

实验11-9：掌握获取列表长度操作

【实验要求】

在IDLE控制台中运行以下命令并观察结果。

【实验步骤】

建立程序，利用len()函数来求得字符串或列表的长度。

【参考程序】

```
>>>List1 = [1, 2, 3, [3,4],4.2, 5,'TMU']
>>>print(len(List1))
>>>str = "pyt hon"
>>>print(len(str))
```

【运行结果】

```
7
7
```

【实验解析】

（1）利用len()函数可以求得列表或字符串的长度，即列表中包含多少个元素，或字符串中包含多少个字符。求得的结果经常用于循环结构中。注意：列表中的子列表会被当做一个元素来对待。

（2）对于字符串中的空格，也会被计数。如题目中字符“t”与“h”之间包含了一个空格，除6个字符之外，再加上1个空格，所以结果为7。

（3）len()函数也能用于统计一个元组或字典中元素的数量。

实验11-10：掌握max()函数、min()函数和sum()函数

【实验要求】

（1）利用max()函数与min()函数可以对一个列表求最大值与最小值。

（2）利用sum()函数可以对包含数值型数据的列表求和。

【实验步骤】

在IDLE控制台中运行以下命令并观察结果。

【参考程序】

```
>>>List1 = [1, 2, 3, 4, 5,6.15]
>>>print(min(List1))
>>>print(max(List1))
>>>str_list = ["NKU", "TJU", "TMU"]
>>>print(min(str_list))
>>>print(max(str_list))
>>>List2 = [1, 2, 3, 4, 5]
>>>print(sum(List2))
```

【运行结果】

```
1
6.15
NKU
TMU
15
```

【实验解析】

（1）对列表中的数据求最大值、最小值与求和时，要注意的是列表中的元素必须是数值型的。

（2）利用max()函数和min()函数处理字符串列表时，它们默认会根据字符串的字典顺序（也称为字母序或ASCII码序）来比较字符串。当比较最大值时，若第一个字母相同则依次比较后续字母的ASCII码顺序，所以“NKU”是最小值，最大值是“TMU”。

实验11-11：掌握遍历访问元组方法

【实验要求】

利用循环结构去遍历元组中的每一个元素。

【实验步骤】

运行IDLE软件。在D盘下新建一个文件夹，命名为“EXEC11_Part2”。在“D:\EXEC11_Part2”文件夹下，新建一个Python脚本文件，并将其命名为“EXEC11_jichu01.py”。

【参考程序】

```
'''
文件名称：EXEC11_jichu01.py
题目内容：建立元组，利用 for 循环遍历元组中的元素。
'''
```

```
tuple1 = (1, 2, 3, "python", 3.14)
for element in tuple1:
    print(element)
```

【运行结果】

```
1
2
3
python
3.14
```

【实验解析】

（1）使用循环结构时要注意两点：一是循环条件后要有冒号；二是必须注意缩进关系。

（2）此种遍历方法同样适用于字符串、列表和字典等类型。

11.3.2 程序改错练习

实验11-12：掌握ls.append()方法

【实验要求】

更正下列代码行中存在的错误，并使程序正确输出结果：[1, 2, 3, 4, 'TMU']。

【实验步骤】

运行IDLE软件。打开“D:\EXEC11_Part1\EXEC11_gaicuo01.py”文件。分析参考程序及错误运行结果，并按本实验的功能要求改正程序中出现的错误。将改正后的程序另存在“D:\EXEC11_Part2”文件夹下，并将文件命名为“EXEC11_gaicuo01_daan.py”。

【参考程序】

```
'''
文件名称：EXEC11_gaicuo01.py
题目内容：在列表中追加元素，输出结果 [1, 2, 3, 4, 'TMU']。
'''
List1 = [1,2,3,4]
x=List1.append('TMU')
print(x)
```

【错误运行结果】

```
None
```

【实验解析】

（1）从输出结果来看，变量*x*中的内容不是列表的内容，不满足题目的要求。

（2）错误原因：在Python中，list.append()方法用于在列表的末尾添加一个元素。然而，这个方法是修改列表本身，而不是返回一个新的列表或任何值。因此，append()方法没有返回值，所以变量*x*中的内容为None。

（3）改正方法：将List1直接赋值给变量*x*。

【参考答案】

```
'''
```

```
文件名称：EXEC11_gaicuo01_daan.py
题目内容：在列表中追加元素，输出结果 [1, 2, 3, 4, 'TMU']
'''
List1 = [1, 2, 3, 4]
List1.append('TMU')
x = List1  # x引用的是修改后的列表
print(x)  # 输出：[1, 2, 3, 4, 'TMU']
```

【运行结果】

```
[1, 2, 3, 4, 'TMU']
```

实验11-13：掌握遍历并修改列表元素的方法

【实验要求】

修改列表元素，使程序正确输出结果：['南开大学 ', '天津大学', '天津医科大学']

【实验步骤】

运行IDLE软件。打开“D:\EXEC11_Part1\EXEC11_gaicuo02.py”文件。分析参考程序及错误运行结果，并按本实验的功能要求改正程序中出现的错误。将改正后的程序另存在“D:\EXEC11_Part2”文件夹下，并将文件名命名为“EXEC11_gaicuo02_daan.py”。

【参考程序】

```
'''
文件名称：EXEC11_gaicuo02.py
题目内容：修改列表元素，使程序正确输出结果 ['南开大学 ', '天津大学', '天津医科大学']。
'''
List1 = ["南开大学", "天津大学", "天津医科大学"]
for i in List1:
    print(List1[i])
```

【错误运行结果】

```
TypeError: list indices must be integers or slices, not str
```

【实验解析】

（1）错误原因：这个程序尝试使用列表中的字符串（如“南开大学”）作为索引来输出内容。在Python中，列表的索引应该是整数，而不是列表中的元素值。

（2）改正方法：将for循环遍历部分改为range(len(List1))。

【参考答案】

```
'''
文件名称：EXEC11_gaicuo02_daan.py
题目内容：修改列表元素，使程序正确输出结果 ['南开大学 ', '天津大学', '天津医科大学']。
'''
List1 = ["南开大学", "天津大学", "天津医科大学"]
for i in range(len(List1)):
    print(List1[i])
```

【运行结果】

```
南开大学
```

```
天津大学
天津医科大学
```

实验11-14：掌握遍历并修改列表元素方法

【实验要求】

去掉列表中元素值为2的元素。

【实验步骤】

运行IDLE软件。打开“D:\EXEC11_Part1\EXEC11_gaicuo03.py”文件。分析参考程序及错误运行结果，并按本实验的功能要求改正程序中出现的错误。将改正后的程序另存在“D:\EXEC11_Part2”文件夹下，并将文件名命名为“EXEC11_gaicuo03_daan.py”。

【参考程序】

```
'''
文件名称：EXEC11_gaicuo03.py
题目内容：去掉列表中元素值为 2 的元素。
'''
my_list = [1, 2, 8, 4, 2, 7, 9, 2]
for i in range(len(my_list)):
    if my_list[i] == 2:
        del my_list[i]
print(my_list)
```

【错误运行结果】

```
IndexError: list index out of range
```

【实验解析】

（1）错误原因：在遍历列表my_list的同时尝试删除列表中的元素。当使用for i in range(len(my_list))循环时，range(len(my_list))生成了一个从0到len(my_list)-1的整数序列。然而，当在循环中删除列表中的元素时，列表的长度会发生变化，但循环的迭代次数（基于原始长度）不会改变。具体来说，当删除列表中的元素时，列表中的所有后续元素都会向前移动一个位置来填补被删除元素的位置。所以在列表长度变短后，循环变量i的值最终会超出新的列表长度，从而导致“IndexError”错误。

（2）改正方法：改用while循环，并将条件设置为循环次数小于原列表的长度。

【参考答案】

```
'''
文件名称：EXEC11_gaicuo03_daan.py
题目内容：去掉列表中元素值为 2 的元素。
'''
my_list = [1, 2, 8, 4, 2, 7, 9, 2]
i = 0
while i<len(my_list):
    if my_list[i] == 2:
        del my_list[i]
    else:
        i += 1
```

```
print(my_list)
```

【运行结果】

```
[1, 8, 4, 7, 9]
```

11.3.3 补全程序练习

实验11-15：利用列表求最大值、最小值、极差和平均值

【实验要求】

在统计学中，极差是一个重要的概念，用于衡量一组数据的离散程度。它具体指的是一组数据中最大值与最小值之间的差值，也被称为全距或范围。补全程序，实现以下功能：

（1）利用随机函数产生10个脉搏数据并存入列表（脉搏范围60~100）。

（2）对列表中的数据进行统计分析。

（3）平均值保留两位小数。

【实验步骤】

打开“D:\EXEC11_Part1\EXEC11_buquan01.py”文件。分析程序，并按本实验功能要求补全（1）、（2）、（3）和（4）部分的程序。将补全后的程序另存在“D:\EXEC11_Part2”文件夹下，并将文件名命名为“EXEC11_buquan01_daan.py”。

【参考程序】

```
'''
文件名称：EXEC11_buquan01.py
题目内容：利用随机函数产生 10 个脉搏数据并存入列表，再计算列表的最大值、最小值、极差和平均值。
'''

import random
random.（1）                  #random 后添加正确的方法使得每次产生的随机数都是同一批
data_list=[]                  #先建立空列表，再用 data_list.append() 方法逐个添加数据

#数据很多时，自动添加数据比手动输入数据要方便
for i in range((2)):                    #range 括号内添加适合的数字使循环能够正常完成
    x=random.randint(60,100)
    (3)                                      #向一个空列表里添加数据
data_max=max(data_list)
data_min=min(data_list)
data_range=data_max-data_min
average=（4）                                #计算平均数
print('产生的脉搏数据为:',data_list)
print('数据中的最大值为 {}'.format(data_max))
print('数据中的最小值为 {}'.format(data_min))
print('数据的极差为 {}'.format(data_range))
print('平均值为：{:.2f}'.format(average))    #要求为平均值保留 2 位小数
```

【实现思路】

（1）要想保证每次获得的随机数都是同一批，必须提前使用random.seed()函数。

（2）想把数据添加进列表需要在循环结构下进行遍历，并利用ls.append()方法。

（3）对列表数据进行简单的最大值、最小值及求和等分析时，必须注意数据应该是数值型的。

【参考答案】

```
'''
文件名称：EXEC11_buquan01_daan.py
题目内容：利用随机函数产生 10 个脉搏数据并存入列表，再计算列表的最大值、最小值、极差和平均值。
'''

import random
random.seed(2024)
data_list=[]          #先建立空列表，再用 data_list.append() 方法逐个添加数据
#数据很多时，自动添加数据比手动输入数据要方便
for i in range(10):
    x=random.randint(60,100)
    data_list.append(x)                          #向一个空列表里添加数据

data_max=max(data_list)
data_min=min(data_list)
data_range=data_max-data_min
average=sum(data_list)/len(data_list)           #计算平均数
print('产生的脉搏数据为:',data_list)
print('数据中的最大值为 {}'.format(data_max))
print('数据中的最小值为 {}'.format(data_min))
print('数据的极差为 {}'.format(data_range))
print('平均值为：{:.2f}'.format(average))     #要求为平均值保留 2 位小数
```

【运行结果】

```
产生的脉搏数据为：[90, 71, 97, 79, 72, 86, 76, 94, 75, 100]
数据中的最大值为 100
数据中的最小值为 71
数据的极差为 29
平均值为：84.00
```

实验11-16：利用列表求成绩的中位数

【实验要求】

（1）利用列表求中位数。

（2）注意：求中位数的前提是要对列表中数据进行排序。如果有奇数个数据，则中位数是排在中间的那个数据；如果有偶数个数据，则中位数是排在中间的两个数据。

【实验步骤】

打开“D:\EXEC11_Part1\EXEC11_buquan02.py”文件。分析程序，并按本实验功能要求补全（1）和（2）部分的程序。将补全后的程序另存在“D:\EXEC11_Part2”文件夹下，并将文件命名为“EXEC11_buquan02_daan.py”。

【参考程序】

```
'''
文件名称：EXEC11_buquan02.py
```

```
题目内容：利用列表求成绩的中位数。
'''
#求中位数（前提是先排序）
data_list=[89,75,90,66,54,80,65,72,92,88]
data=（1）                              #此处使用不破坏原列表的排序方法
print(data)
size=len(data)
if（2）:                                #填写判断条件
    print(('中位数为：{}和{}'.format(data[(size//2)-1],data[(size//2)]))
else:
    print('中位数为：{}'.format(data[(size//2)]))
```

【实现思路】

（1）对列表数据进行排序。对列表进行排序有两种方法：一种是破坏原列表，另一种是不破坏原列表。本处应使用 sorted() 函数对data_list列表进行排序。

（2）对排序获得的数据data利用公式求出中位数。计算中位数时要观察数据的总数。若总数为奇数，则中位数有一个；若总数为偶数，则中位数有两个。利用双分支if语句分别处理两种情况。

【参考答案】

```
'''
文件名称：EXEC11_buquan02_daan.py
题目内容：利用列表求成绩的中位数。
'''
#求中位数（前提是先排序）
data_list=[89,75,90,66,54,80,65,72,92,88]
data=sorted(data_list)          #此处使用不破坏原列表的排序方法
print(data)
size=len(data)
if size%2==0:                   #填写判断条件
    print('中位数为：{}和{}'.format(data[(size//2)-1],data[(size//2)]))
else:
    print('中位数为：{}'.format(data[(size//2)]))
```

【运行结果】

```
[54, 65, 66, 72, 75, 80, 88, 89, 90, 92]
中位数为：75和80
```

实验11-17：给定三个点的坐标，分别求这三点到原点的距离

【实验要求】

（1）三个点的坐标分别为：（1，2），（3，4），（5，6）。

（2）体会列表内元素的类型的多样性，并利用列表和遍历完成计算。

【实验步骤】

打开“D:\EXEC11_Part1\EXEC11_buquan03.py”文件。分析程序，并按本实验功能要求补全（1）、（2）和（3）部分的程序。将补全后的程序另存在“D:\EXEC11_Part2”文件夹下，并将文件命名为“EXEC11_buquan03_daan.py”。

【参考程序】

```
'''
文件名称：EXEC11_buquan03.py
题目内容：给定三个点的坐标，分别求三点到原点之间的距离。
'''
import math

# 下面定义 3 个数据点的坐标，使用元组来存储
points =  (1)

# 补全下面遍历数据点并打印
for (2)  in  (3):
    print("数据点的坐标是({},{}):" .format(point[0],point[1]))

#计算和输出点到原点的距离
for point in points:
    distance = math.sqrt(point[0]**2 + point[1]**2)
    print('数据点到原点的距离是: {:.2f}'.format(distance))
```

【实现思路】

（1）利用元组存放坐标数据。元组所能包含的元素不仅可以是数字、字符串，还可以是其他的类型。

（2）遍历取数时，不但可以取单一数字，也可以取成对数字，只要把它们当作一个整体来处理便可。

（3）利用math.sqrt()函数完成计算。

【参考答案】

```
'''
文件名称：EXEC11_buquan03_daan.py
题目内容：给定三个点的坐标，分别求三点到原点之间的距离。
'''
import math

#下面定义 3 个数据点的坐标，使用元组来存储
points = ((1, 2),(3,4),(5,6))

# 遍历数据点并打印
for point in points:
    print("数据点的坐标是({},{}):" .format(point[0],point[1]))

#计算和输出点到原点的距离
for point in points:
    distance = math.sqrt(point[0]**2 + point[1]**2)
    print('数据点到原点的距离是: {:.2f}'.format(distance))
```

【运行结果】

```
数据点的坐标是(1,2):
数据点的坐标是(3,4):
数据点的坐标是(5,6):
```

```
数据点到原点的距离是: 2.24
数据点到原点的距离是: 5.00
数据点到原点的距离是: 7.81
```

实验11-18：给定五名小学生的体重，利用列表求方差与标准差

【实验要求】

（1）利用切片的方式从元组中取数并完成计算。

（2）方差为离均差的平方和的均数，标准差为方差开根号。

（3）五名小学生的体重如下：A同学是26公斤；B同学是28公斤；C同学是30公斤；D同学是32公斤；E同学是34公斤。

【实验步骤】

打开“D:\EXEC11_Part1\EXEC11_buquan04.py”文件。分析程序，并按本实验功能要求补全（1）和（2）部分的程序。将补全后的程序另存在“D:\EXEC11_Part2”文件夹下，并将文件名命名为“EXEC11_buquan04_daan.py”。

【参考程序】

```
'''
文件名称：EXEC11_buquan04.py
题目内容：给定五名小学生的体重，利用列表求方差与标准差。
'''
import math

data=[]
tuple0=（1）                          #利用元组建立数据集

for i in tuple0:
    data.append(i[1])

data_av=sum(data)/len(data)
n=0
for j in data:
    （2）                    #对每一个观察值与均值的差的平方进行累加

v=n/(len(data)-1)            #求方差(离均差的平方和的均数)，因为是求样本方差，所以分母为
len(data-1)
stv=math.sqrt(v)             #标准差为方差开根号
print('方差为：{}'.format(v))
print('标准差为：{:.1f}'.format(stv))
```

【实现思路】

（1）利用元组建立数据集，每个元素也是一个元组，如（'A同学', 26）。

（2）利用切片的方式取得可计算数据并加入列表。当列表的元素是子列表或元组时，可以考虑利用切片的方式来取得想要获得的数据。

（3）利用公式完成计算。

【参考答案】

```
'''
文件名称：EXEC11_buquan04_daan.py
题目内容：给定五名小学生的体重，利用元组求方差与标准差。
'''
import math

data=[]
tuple0=(('A同学',26),('B同学',28),('C同学',30),('D同学',32),('E同学',34))
                                                  #利用元组建立数据集

for i in tuple0:
    data.append(i[1])

data_av=sum(data)/len(data)
n=0
for j in data:
    n+=math.pow((j-data_av),2)      #对每一个观察值与均值的差的平方进行累加

v=n/(len(data)-1)        #求方差(离均差的平方和的均数)，因为是求样本方差，所以分母为
len(data-1)
stv=math.sqrt(v)        #标准差为方差开根号
print('方差为：{}'.format(v))
print('标准差为：{:.1f}'.format(stv))
```

【运行结果】

```
方差为：10.0
标准差为：3.2
```

11.3.4 能力拓展

实验11-19：编写程序通过比较石头剪刀布来确定谁是赢家

扫一扫

实验11-19 参考答案等

【实验要求】

分步实现“与计算机进行猜拳游戏”，通过比较石头剪刀布来确定谁是赢家：

（1）第一步：假定计算机先出一种（例如：“石头”），然后和用户的输入进行判断，输出胜负结果。

（2）第二步：通过让计算机随机出一种，再和用户的输入进行判断，输出胜负结果。

（3）第三步：将猜拳过程放在while循环中，让用户多次和计算机猜拳，直到输入“q”退出游戏。

1. 第一步

【实验步骤】

运行IDLE软件。在D盘下的“EXEC11_Part2”文件夹中，新建一个Python脚本文件，

并命名为“EXEC11_tuozhan01a.py”。按题目功能要求，编写程序。

【实现思路】

利用IPO方法对问题进行分块：

- 输入部分：将“石头”赋给代表计算机的变量computer。并利用input语句获取用户输入。
- 处理部分和输出部分：比较用户输入和计算机的猜拳结果，并输出。

2. 第二步

【实验步骤】

在D盘下的“EXEC11_Part2”文件夹中，新建一个Python脚本文件，并命名为“EXEC11_tuozhan01b.py”。按题目功能要求，编写程序。

【实现思路】

利用IPO方法对问题进行分块：

- 输入部分：利用列表存放三种猜拳情况；利用随机数随机挑选一种，并赋值给computer；再利用input语句获取用户输入。
- 处理部分和输出部分：比较用户输入和计算机的猜拳结果，并输出。

3. 第三步

【实验步骤】

在D盘下的“EXEC11_Part2”文件夹中，新建一个Python脚本文件，并命名为“EXEC11_tuozhan01c.py”。按题目功能要求，编写程序。

【实现思路】

在第二步的基础上，添加循环和退出语句。

实验 11-20：模拟多次扔硬币，统计正面朝上的次数

【实验要求】

扫一扫

实验11-20
参考答案等

题目功能：模拟扔硬币10组，每组1 000次，统计并输出每组正面朝上的次数。

【实验步骤】

运行IDLE软件。在D盘下的“EXEC11_Part2”文件夹中，新建一个Python脚本文件，并命名为“EXEC10_tuozhan02.py”。按题目功能要求，编写程序。

【实现思路】

（1）利用列表存放“正”和“反”数据。

（2）利用random库的random.choice()函数在列表中随机抽取“正”和“反”数据，并将结果添加到data列表中。

（3）利用列表的count方法统计“正”的数据，并输出。

实验 12

字典及应用

12.1 实验目的

1. 掌握字典类型的创建、键值的访问、修改键值、增加元素等操作方法。
2. 掌握字典类型的函数和方法。
3. 掌握字典类型的应用方法。

12.2 知识巩固

1. 字典类型的定义

（1）具体内容：字典类型是包含0个或多个键值对的集合，没有长度限制，可以根据键索引值的内容。

（2）详细说明：

① 字典是集合类型的延续。

② 字典中每个元素是由键和值组成的键值对。

③ 字典中元素之间不能重复。

④ 字典中元素之间没有顺序。

⑤ 字典的元素个数没有限制，可以是空字典。

⑥ 字典可以通过键来索引值的内容。

2. 字典类型的建立方法

（1）具体内容：字典类型是通过英文的大括号{}或dict()函数来创建的。

（2）详细说明：

① 可以利用英文的大括号创建字典。例如：d1={"南开区":120104,"和平区":120101}，d1为包含两个元素的字典；d2={}，d2 为空字典。

② 可以利用dict()函数创建字典。例如：d3=dict()，d3 为空字典；已有列表 a=[["张三",80],["李四",78]]，d4=dict(a)，d4的结果为 {'张三': 80, '李四': 78}。

③ 键和值通过英文的冒号进行连接。

④ 字典的元素之间利用英文的逗号进行分隔。

⑤ 键的数据类型必须为不可变的类型，即键可以是数字类型（整型、浮点数、复数）、字符串类型或元组类型。

⑥ 键的数据类型不能为可变类型，即键不能是列表、集合或字典类型。

⑦ 值的类型可以是任意数据类型。

3. 字典元素键值的访问、修改和增加元素

（1）具体内容：利用字典元素的键可以访问值、修改值和为字典增加元素。

（2）详细说明：

① 相对于列表使用序号来索引值的内容，程序编写者可以利用字典中已有的键来索引值的内容。例如：已知字典 d={"南开区":120104,"和平区":120101}，执行语句 k=d["南开区"]后，变量k中的值为120104。利用键方法进行索引值的方法较利用序号进行索引的方法更清晰易懂。

② 程序编写者还可以利用字典中已有的键来修改值的内容。例如：已知字典d={"姓名":"张三","身高":175}，执行语句d["身高"]=180后，字典内容变为d={"姓名":"张三","身高":180}。

③ 若一个键值对尚未出现在字典中，通过执行“d["键k"]=值v”语句，可以将“"键k":值v”元素添加到字典d中。例如：d={"姓名":"张三","身高":180}，执行语句d["年龄"]=18后，字典内容变为d={"姓名":"张三","身高":180,"年龄":18}。

4. d.keys() 方法

（1）具体内容：通过d.keys()方法，可以获取字典d中所有的键信息。

（2）详细说明：

① 已知字典d={"南开区":120104,"和平区":120101}，执行语句k=d.keys()后，变量k中的值为dict_keys(['南开区', '和平区'])。变量k的数据类型为dict_keys类，程序编写者可以再执行k2=list(k)语句，最终以列表类型获取字典d中的所有键信息。

② 在利用d.keys()方法获取字典d的所有“键”信息时，keys后面的括号内无须填入参数，但是括号必须要写！

5. d.values() 方法

（1）具体内容：通过d.values() 方法，可以获取字典d中所有的值信息。

（2）详细说明：

① 已知字典d={"南开区":120104,"和平区":120101}，执行语句t=d.values()后，变量t中的值为dict_values([120104, 120101])。变量t的数据类型为dict_values类，程序编写者可以再执行t2=list(t)语句，最终以列表类型获取字典d中的所有值信息。

② 与d.keys()方法相同，在利用d.values()方法获取字典d的所有“值”信息时，values后面的括号内无须填入参数，但是括号必须要写！

6. d.items() 方法

（1）具体内容：通过d.items()方法，可以获取字典d中所有的键值对信息。

（2）详细说明：

① 已知字典d={"南开区":120104,"和平区":120101}，执行语句m=d.items()后，变量m中的值为dict_items([('南开区', 120104), ('和平区', 120101)])。变量m的数据类型为dict_items类，程序编写者可以再执行m2=tuple(m)语句，最终以元组类型获取字典d中的所有值信息。

② 与d.keys()方法相同，在利用d.items()方法获取字典d的所有键值对信息时，items后面的括号内无须填入参数，但是括号必须要写！

7. d.get(<key>,<default>) 方法

（1）具体内容：通过d.get()方法，可以获取字典d中已有键<key>对应的值，若<key>不在字典d中，则返回<default>值。

（2）详细说明：

① 已知字典d={"南开区":120104,"和平区":120101}，执行语句v1=d.get("南开区",120000)后，因为键“南开区”在字典d中，所以变量v1中的值为120104；执行语句v2=d.get("河西区",120000) 后，因为键“河西区”不在字典d中，所以变量v2中的值为设定的默认值120000。

② 若不设定<default>，而<key>又不在字典中，则返回一个空值。所以，为了每次都能够获取到一个“值”，程序编写者日常在使用d.get()方法时，都会在其中设定一个<default>默认值。

8. d.pop(<key>,<default>) 方法

（1）具体内容：通过d.pop()方法，可以获取字典d中已有键<key>对应的值，同时会删除该组键值对，若<key>不在字典d中，则获取到<default>值。

（2）详细说明：

① 已知字典 d={"stu1":"张三","stu2":"李四"}，执行语句 m1=d.pop("stu2","王五")后，因为键“stu2”在字典d中，所以变量m1中的值为“李四”，而键值对“"stu2":"李四"”同时会被删除，即字典d变为{"stu1":"张三"}；再次执行语句m2=d.pop("stu3","王五")后，因为键值“stu3”不在字典d中，所以变量m2中的值为设定的默认值“王五”，而字典d中不会删除内容，即字典d中的内容依然为{"stu1":"张三"}。

② 若不设定<default>，而<key>又不在字典中，则Python系统会提示“键错误”。所以，为了每次都能够获取到一个“值”，程序编写者日常在使用d.pop()方法时，也会在其中设定一个<default>默认值。

9. d.popitem() 方法

（1）具体内容：通过d.popitem()方法，可以随机删除字典d中的一个键值对，而被删除的键值对会以元组(key,value)的形式返回结果。

（2）详细说明：

① 已知字典d={"stu1":"张三","stu2":"李四"}，执行语句 k=d.popitem()后，字典d中一个键值对会被随机删除，假设删除了键值对“"stu2":"李四"”，则变量k的值为("stu2","李四")，而字典d中的内容为{"stu1":"张三"}。

② 与d.keys()方法相同，在利用d.popitem()方法随机删除字典d中的一个键值对时，popitem后面的括号内无须填入参数，但是括号必须要写！

10. d.clear() 方法

（1）具体内容：通过d.clear()方法，可以删除字典d中所有的键值对。

（2）详细说明：

① 已知字典d={"stu1":"张三","stu2":"李四"}，执行语句d.clear()后，字典d中所有的键值对都会被删除，即字典d将变为空字典。

② 与d.keys()方法相同，在利用d.clear()方法删除字典d中所有的键值对时，clear后面的括号内无须填入参数，但是括号必须要写！

11. del d[<key>] 方法

（1）具体内容：通过del d[<key>]方法，可以删除字典d中<key>键对应的键值对。

（2）详细说明：

① del是Python系统的一个保留字，其作用是删除对象、变量或切片。

② 已知字典d={"stu1":"张三","stu2":"李四"}，执行语句del d["stu1"]后，字典d中的键值对“"stu1":"张三"”会被删除，即字典d将变为d={"stu2":"李四"}。

③ 若<key>不在字典d中，则Python系统会报“键错误”信息。例如，d={"stu1":"张三","stu2":"李四"}，执行语句del d["stu3"]后，系统会提示“KeyError: 'stu3'”。

12. key in <d> 方法

（1）具体内容：通过运行key in<d>，可以判断键key是否在字典d中。

（2）详细说明：

① key代表一个“键信息”，<d>代表字典d。

② 若key在字典d中，则返回True，否则返回False。

③ 已知字典d={"stu1":"张三","stu2":"李四"}，执行语句c1="stu1" in d后，因为“stu1”是字典d的一个键，所以变量c1的值为True；执行语句c2="stu3" in d后，因为“stu3”不是字典d的一个键，所以变量c2的值为False。

12.3　实验内容

12.3.1　基础实验

实验12-1：掌握字典的创建及值的操作方法

【实验要求】

在IDLE控制台中写出下列操作的代码并观察结果：

（1）创建一个空字典，并命名为score。

（2）将以下三个键值对：“"计算机基础":92”“"英语"：85”“"高等数学":88”添加到字典score中。

（3）获取键“计算机基础”对应的值，并赋值给变量computer。

（4）将“英语”的值改为90。

【实验步骤】

运行IDLE软件。在IDLE控制台中分别运行以下命令，并观察结果。

【参考程序及运行结果】

```
>>>score={}
>>>score
{}
>>>score["计算机基础"]=92
>>>score["英语"]=85
>>>score["高等数学"]=88
>>>score
```

```
{'计算机基础': 92, '英语': 85, '高等数学': 88}
>>>computer= score["计算机基础"]
>>>computer
92
>>>score["英语"]=90
>>>score
{'计算机基础': 92, '英语': 90, '高等数学': 88}
```

【实验解析】

（1）在控制台中，输入变量名，然后回车，系统会输出该变量的值。

（2）字典和集合一样，元素之间是无顺序的，所以在多次输出字典score内容时，输出顺序可能不同。

实验12-2：掌握字典类型的函数和方法

【实验要求】

已知score={"计算机基础": 92, "英语": 90, "高等数学": 88}，在 IDLE 控制台中写出下列操作的代码并观察结果：

（1）查询各门课程的名称，并以元组的形式输出。

（2）查询并输出“计算机基础”课程的成绩。

（3）在字典score中，插入键值对“大学语文":91”。

（4）随机删除字典score的一个键值对，并将该键值对存放在变量c中。

（5）判断“英语”是否在字典score中。

【实验步骤】

运行IDLE软件。在IDLE控制台中输入以下命令。

【参考程序】

```
>>>score={"计算机基础": 92, "英语": 90, "高等数学": 88}
>>>name=tuple(score.keys())
>>>name
('计算机基础', '英语', '高等数学')
>>>print(score["计算机基础"])
92
>>>score["大学语文"]=91
>>>score
{'计算机基础': 92, '英语': 90, '高等数学': 88, '大学语文': 91}
>>>c=score.popitem()
>>>c
('大学语文', 91)
>>>print("英语" in score)
True
```

【实验解析】

（1）tuple()函数可以将其他类型的数据转变为元组类型。

（2）利用score.popitem()删除元素时，是随机删除一个元素，所以变量c中的内容可能与本例的结果有所不同。

（3）若键值“"英语":90”在score.popitem()操作时被删除，则print("英语" in score)的结果应为False。

实验12-3：根据学号判断学生的各种信息

【实验要求】

（1）输入一个学生的学号，判断并输出该学生的年级、专业和班级。

（2）假设学号长度10位，第1～4位为年级，第5～7位为专业编码，第8位为班级编号，第9～10位为班内编号。例如：2000201103，代表该学生隶属于“2000级临床五年1班”，其班内学号为3号。

（3）专业编码详情："192":"临床'5+3' "，"193":"儿科'5+3' "，"195":"麻醉"，"201":"临床5年"。

【实现思路】

采用IPO方法对问题进行分块：

- 输入部分：输入一个学号。
- 处理部分：利用字符串分别取出年级、专业和班级字符，再利用字典进行查询。
- 输出部分：输出结果。

【实验步骤】

运行IDLE软件。在D盘下新建一个文件夹，命名为“EXEC12_Part2”。在“D:\EXEC12_Part2”文件夹下，新建一个Python脚本文件，并将其命名为“EXEC12_jichu01.py”。

【参考程序】

```
'''
文件名称：EXEC12_jichu01.py
题目内容：输入一个学生的学号，判断并输出该学生的年级、专业和班级。
'''
#输入部分
stu_id=input("请输入一个学号：")
majors={"192":"临床'5+3' ","193":"儿科'5+3' ","195":"麻醉","201":"临床5年"}
#处理部分
stu_grade=stu_id[0:4]            #前 4 位为学号
stu_major=majors[stu_id[4:7]] #第 5-7 位为专业代码
stu_class=stu_id[7]              #第 8 位为班级号码
stu_num=int(stu_id[8:])          #第 9、10 位为班内编号
#输出部分
print("该学生为：{}级{}专业{}班第{}号学生。".format(stu_grade,stu_major,stu_
class,stu_num))
```

【运行结果】

```
请输入一个学号：2000201103
该学生为：2000级临床5年专业1班第3号学生。
```

【实验解析】

（1）为表示多个专业与代码的对应关系，可以利用字典类型进行存放数据。

（2）因为最后的班内编号有可能是“03”的形式，所以本例采用int()函数进行转换，将字符“0”去掉。

实验12-4：统计一段DNA编码中各个碱基出现的次数

【实验要求】

已知一段DNA序列的碱基顺序为“ATTCAGCGCGGTCAGTTGGA”，统计该序列中各种碱基出现的次数并输出。

【实现思路】

采用IPO方法对问题进行分块：

- 输入部分：将DNA序列放在一个变量中。
- 处理部分：统计各种碱基出现的次数。
- 输出部分：输出结果。

【实验步骤】

运行IDLE软件。在“D:\EXEC12_Part2”文件夹下，新建一个Python脚本文件，并将其命名为“EXEC12_jichu02.py”。

【参考程序】

```
'''
文件名称：EXEC12_jichu02.py
题目内容：根据已知 DNA 编码，统计各种碱基出现的次数并输出。
'''
#输入部分
dna="ATTCAGCGCGGTCAGTTGGA"
dna_num=dict()       #建立一个空字典
lst_atcg=["A","T","C","G"]
#处理部分
for c in dna:
    if c in dna_num:
        #若 c 中的碱基已在字典中，则取出其值并加 1
        dna_num[c]=dna_num[c]+1
    else:
        #若 c 中的碱基不在字典中，则利用赋值的形式将其加入到字典中，初值为 1
        dna_num[c]=1
    #上边的双分支 if 语句可以用语句 dna_num[c]=dna_num.get(c,0)+1 替换
#输出部分
for a in lst_atcg:
    print("碱基 {} 出现 {} 次。".format(a,dna_num[a]))
```

【运行结果】

```
碱基 A 出现 4 次。
碱基 T 出现 5 次。
碱基 C 出现 4 次。
碱基 G 出现 7 次。
```

【实验解析】

利用语句“dna_num[c]=dna_num.get(c,0)+1”可以一次性解决循环变量对于已知键值

对和未知键值对的计数。若c中的碱基已在字典中，则dna_num.get(c,0)可以查询到该碱基对应的值；若c中的碱基不在字典中，则dna_num.get(c,0)返回值为0，经加1后，再赋值给dna_num[c]，则会给字典中增加“"该键值":1”的键值对。

12.3.2　补全程序练习

实验12-5：从键盘录入一串字符，统计并输出各类字符出现的总次数

【实验要求】

从键盘录入一串字符，统计并输出英文字符、数字和其他等三类字符各出现的总次数。

【实验步骤】

打开“D:\EXEC12_Part1\ EXEC12_buquan01.py”文件。分析程序，并按本实验功能要求补全两行星号之间的程序。将补全后的程序另存在“D:\EXEC12_Part2”文件夹下，并将文件名命名为“EXEC12_buquan01_daan.py”。

【参考程序】

```
'''
文件名称：EXEC12_buquan01.py
题目内容：从键盘录入一串字符，统计并输出英文字符、数字和其他等三类字符各出现的总次数。
'''
#输入部分
string=input("请输入一串字符：")
ch_num={}

#处理部分
#计算输入字符串的总字符数
str_len=len(string)
#统计各类字符数目
for c in string:
    if (c>='A' and c<='Z') or (c>='a' and c<='z'):
        ch_num["char"]=ch_num.get("char",0)+1
    elif c>='0' and c<='9':
        ch_num["digit"]=ch_num.get("digit",0)+1
    #***************

    #***************
#输出部分
print("字符串总字符数为：",str_len)
print("英文字符数为：{}".format(ch_num["char"]))
print("数字字符数为：{}".format(ch_num["digit"]))
print("其他字符数为：{}".format(ch_num["other"]))
```

【实现思路】

（1）通过两行星号所在位置可以得知，要补全的部分是统计其他类别字符的数目。

（2）根据输出部分的代码可以得知：在字典string中，用于统计其他类别的key为"other"；同时，该部分代码的逻辑结构是在多分支结构中，所以统计其他字符类别的代码还要在else框架内。

（3）可以参考统计字符和数字的代码，写出统计其他字符的代码。

【参考答案】

```
'''
文件名称：EXEC12_buquan01_daan.py
题目内容：从键盘录入一串字符，统计并输出英文字符、数字和其他等三类字符各出现的总次数。
'''
#输入部分
string=input("请输入一串字符：")
ch_num={}

#处理部分
#计算输入字符串的总字符数
str_len=len(string)
#统计各类字符数目
for c in string:
    if (c>='A' and c<='Z') or (c>='a' and c<='z'):
        ch_num["char"]=ch_num.get("char",0)+1
    elif c>='0' and c<='9':
        ch_num["digit"]=ch_num.get("digit",0)+1
    #**************
    else:
        ch_num["other"]=ch_num.get("other",0)+1
    #**************
#输出部分
print("字符串总字符数为：",str_len)
print("英文字符数共 {} 个".format(ch_num["char"]))
print("数字字符数共 {} 个".format(ch_num["digit"]))
print("其他字符数共 {} 个".format(ch_num["other"]))
```

【运行结果】

```
请输入一串字符：ABC123,,,abc456..
字符串总字符数为：17
英文字符数共 6 个
数字字符数共 6 个
其他字符数共 5 个
```

【实验解析】

（1）利用len()函数可以统计出字符串中字符的总数。

（2）利用“c>='A' and c<='Z'”可以判断c是否属于大写字符，同理利用“c>='a' and c<='z'”可以判断c是否属于小写字符。

（3）多分支中最后的else后的冒号经常被忘记，请程序编写者一定不要忘记该冒号。

实验12-6：编写一个根据字典的“值”来检索“键”的函数并验证

【实验要求】

编写一个函数，其功能为根据字典中的“值”来检索“键”；若能检索到，则以列表的形式返回“键”信息，若不能检索到，返回空列表。并且在程序中，对该函数的功能进行检验。

【实验步骤】

打开“D:\EXEC12_Part1\ EXEC12_buquan02.py”文件。分析程序，并按本实验功能要求补全两行星号之间的程序。将补全后的程序另存在“D:\EXEC12_Part2”文件夹下，并将文件名命名为“EXEC12_buquan02_daan.py”。

【参考程序】

```
'''
文件名称：EXEC12_buquan02.py
题目内容：编写一个函数，其功能为根据字典中的“值”来检索“键”。
若能检索到，则以列表的形式返回“键”信息，若不能检索到，返回空列表。
并且在程序中，对该函数进行检验。
'''
def search_key(d,value):
    result=[]
    for k,v in d.items():
        #**************

        #**************
    return result

#输入部分
check={"张三":85,"李四":88,"王五":85,"赵六":79}
n=eval(input("请输入一个数值："))
#处理部分
search_result=search_key(check,n)
#输出部分
print("值{}对应的键为：{}".format(n,search_result))
```

【实现思路】

（1）通过两行星号所在位置可以得知，要补全的部分是判断输入的“值”与字典中的“值”是否相等的代码。

（2）通过阅读上下文代码可知：输入的“值”存在于变量value中，而字典中每个值存在于变量v中，因此可以利用if语句并利用表达式v==value进行判断。

（3）如果找到相同的值，需要把该值对应的key逐个添加到列表result中。

（4）可以利用列表的append方法将新元素添加到列表中。

【参考答案】

```
'''
文件名称：EXEC12_buquan02_daan.py
题目内容：编写一个函数，其功能为根据字典中的“值”来检索“键”。
若能检索到，则以列表的形式返回“键”信息，若不能检索到，返回空列表。
并且在程序中，对该函数进行检验。
'''
def search_key(d,value):
    result=[]
    for k,v in d.items():
        #**************
        if v==value:
```

```
            result.append(k)
        #**************
    return result

#输入部分
check={"张三":85,"李四":88,"王五":85,"赵六":79}
n=eval(input("请输入一个数值："))
#处理部分
search_result=search_key(check,n)
#输出部分
print("值{}对应的键为：{}".format(n,search_result))
```

【运行结果1】

```
请输入一个数值：85
值85对应的键为：['张三', '王五']
```

【运行结果2】

```
请输入一个数值：80
值80对应的键为：[]
```

【实验解析】

（1）利用for语句进行遍历时，若遍历结构的每个元素是由多个部分组成的，则可以利用多个循环变量，按顺序分别取出每个元素的各个部分。本例中，d.items()会返回字典d所有的键值对，而每个键值对由“"键":"值"”组成，所以用for k,v in d.items()，每次运行将当前元素的“键”信息存放在变量k中，将“值”信息存放在变量v中。

（2）对于有多种可能的程序，特别是分支语句，需要对每个分支进行验证，所以本例通过运行两次，即分别输入85和80，对函数search_key()进行两次验证。

实验12-7：按字典的值进行降序排序并输出结果

【实验要求】

已知一个字典，编写程序，按字典中的“值”降序排序，并输出结果。

【实验步骤】

打开“D:\EXEC12_Part1\ EXEC12_buquan03.py”文件。分析程序，并按本实验功能要求补全两行星号之间的程序。将补全后的程序另存在“D:\EXEC12_Part2”文件夹下，并将文件名命名为“EXEC12_buquan03_daan.py”。

【参考程序】

```
'''
文件名称：EXEC12_buquan03.py
题目内容：已知一个字典，按字典中的“值”降序排序，并输出结果。
'''
#输入部分
jsj_score={"张三":90,"李四":88,"王五":95,"赵六":79}
#处理部分
#因为字典元素没有顺序，所以需将字典类型转换为列表类型
#**************
```

```
#**************
#利用列表的 sort 方法对二维列表进行降序排序
list_score.sort(key=lambda x:x[1],reverse=True)
#输出部分
print("按值降序排序的结果为：")
for i in range(len(list_score)):
    print("{}:{}".format(list_score[i][0],list_score[i][1]))
```

【实现思路】

（1）通过两行星号所在位置可以得知，要补全部分的功能是要将字典jsj_score转换为二维列表类型，第一列存放“键”信息，第二列存放“值”信息。

（2）通过阅读上下文代码可知：列表名为list_score。

（3）若取出字典的所有元素，可以使用jsj_score.items()方法。

【参考答案】

```
'''
文件名称：EXEC12_buquan03.py
题目内容：已知一个字典，按字典中的“值”降序排序，并输出结果。
'''
#输入部分
jsj_score={"张三":90,"李四":88,"王五":95,"赵六":79}
#处理部分
#因为字典元素没有顺序，所以需将字典类型转换为列表类型
#**************
list_score=list(jsj_score.items())
#**************
#利用列表的 sort 方法对二维列表进行降序排序
list_score.sort(key=lambda x:x[1],reverse=True)
#输出部分
print("按值降序排序的结果为：")
for i in range(len(list_score)):
    print("{}:{}".format(list_score[i][0],list_score[i][1]))
```

【运行结果】

```
按值降序排序的结果为：
王五:95
张三:90
李四:88
赵六:79
```

【实验解析】

（1）若直接写成list_score=list(jsj_score)，则只会将jsj_score字典中的所有“键”信息转换为列表类型，而所有“值”信息将被忽略。

（2）列表排序使用的list_score.sort()方法中，参数key=lambda x:x[1]的作用是按x的第二列数据进行排序，参数reverse=True的作用是按降序排序。

（3）为了使输出结果更加清晰，本例使用for语句对列表list_score进行了遍历。

12.3.3 能力拓展

实验12-8：计算平均身高

【实验要求】

（1）已知数据见表12-1。

表 12-1　某班学生信息表

学　号	姓　名	性　别	身　高/cm
0001	张明	男	182
0002	李莉	女	165
0003	王亮	男	191
0004	赵蔓	女	168

（2）题目功能：输入性别，计算并输出该性别人员的平均身高。

（3）格式要求：结果保留两位小数。

扫一扫

实验12-8
参考答案等

【实验步骤】

运行IDLE软件。在D盘下的“EXEC12_Part2”文件夹中，新建一个Python脚本文件，并命名为“EXEC12_tuozhan01.py”。按题目功能要求，编写程序。

【实现思路】

（1）利用IPO方法对问题进行分块：

- 输入部分：输入性别，0 代表男性，1 代表女性。
- 处理部分：计算该性别总人数和总身高，计算平均身高。
- 输出部分：按格式要求输出结果。

（2）利用字典处理二维数据。

（3）利用if语句处理性别。

（4）利用字典索引方法取出身高数据，并统计该性别总人数，以及计算平均值。

（5）利用{:.2f}方法保留两位小数。

实验12-9：对数据按贫血等级进行排序

【实验要求】

（1）已知数据见表12-2。

表 12-2　采样数据

ID	贫血体征	ID	贫血体征
10001	中度 (++)	10004	重度 (+++)
10002	出现 (+)	10005	中度 (++)
10003	阴性 (-)	10006	阴性 (-)

（2）题目功能：在医学数据统计中，对于“贫血体征”等类似数据进行处理时，要进行排序，再进行编译等操作。本例需对表格中的数据按“阴性”、“出现”、“中度”和“重

度”的顺序进行排序，并输出结果。

扫一扫

实验12-9
参考答案等

【实验步骤】

运行IDLE软件。在D盘下的“EXEC12_Part2”文件夹中，新建一个Python脚本文件，并命名为“EXEC12_tuozhan02.py”。按题目功能要求，编写程序。

【实现思路】

（1）利用IPO方法对问题进行分块：

- 输入部分：输入病人数据。
- 处理部分：按题目要求进行排序。
- 输出部分：输出排序结果。

（2）利用字典存放原始采样数据。

（3）利用字典存放“贫血体征”编码。

（4）对原始数据按“贫血体征”编码进行处理。

（5）将数据转换成列表，并排序。

实验12-10：编写程序模拟大赛评委打分过程并确定歌手的最高得分和冠军

【实验要求】

扫一扫

实验12-10
参考答案等

利用字典存放歌手及成绩数据，并根据字典的值进行计算，输出最高得分和冠军。

【实验步骤】

运行IDLE软件。在D盘下的“EXEC12_Part2”文件夹中，新建一个Python脚本文件，并命名为“EXEC12_tuozhan03.py”。按题目功能要求，编写程序。

【实现思路】

利用IPO方法对问题进行分块：

- 输入部分：模拟评委打分环节，并把分数存入列表。
- 处理部分：利用列表和函数计算选手得分，并模拟去掉一个最高分和去掉一个最低分过程，将选手姓名和得分利用字典存放，再根据选手得分，计算冠军选手。
- 输出部分：输出结果。

实验 13 jieba 库和 pyinstaller 库

13.1 实验目的

1．掌握jieba库的应用方法。

2．掌握pyinstaller库的应用方法。

3．熟悉词云库的应用方法。

13.2 知识巩固

1. jieba.lcut(s) 函数

（1）具体内容：对s进行精确分词，以列表形式返回结果。

（2）详细说明：

① jieba库是一个能够对中文进行分词的第三方库。在使用前，需要在“cmd.exe”中利用“pip install jieba”命令提前安装。

② jieba库提供了三种分词模式，分别为全模式、搜索引擎模式和精确模式。jieba.lcut(s)为精确模式。jieba.lcut(s,cut_all=True)为全模式。

③ jieba.lcut(s)方法的精确模式不会产生词语重复现象，所以常作为中文分词的首选方法。

2. jieba.add_word(w) 函数

（1）具体内容：可以通过jieba.add_word(w)，将词汇w添加到jieba库的词典中。

（2）详细说明：

利用jieba库进行分词时，会以其已有的分词库为基础进行分词，若某个词汇没在分词库中，则可用jieba.add_word(w)函数，将词汇w添加到分词库中。

3. pyinstaller 库

（1）具体内容：pyinstaller库可以在多种操作系统下将Python源程序打包。使程序可以在没有Python环境的情况下运行。

（2）详细说明：

① pyinstaller库是一个可以将Python源程序打包成可执行文件的第三方库。在使用前，需要在“cmd.exe”中利用“pip install pyinstaller”命令提前安装。

② pyinstaller库会自动将pyinstaller命令安装到Python解释器目录中。

③ 在操作系统的命令行中运行pyinstaller命令可以对Python文件进行打包。

④ 默认情况下，pyinstaller命令会生成“dist”和“build”两个文件夹。其中“build”文件夹是存放临时文件的目录，可以删除；“dist”文件夹包含打包好的可执行文件和一些动态链接库。

⑤ 在pyinstaller命令中添加“-F”参数可以将Python源文件打包，并在“dist”文件夹中只生成一个独立的可执行文件。例如：在windows操作系统的“cmd.exe”命令行界面中，输入并运行“pyinstaller –F exec01.py”，可以在exec01.py所在的文件夹生成名为“dist”和“build”两个文件夹，并在“dist”文件夹中生成“EXEC01.exe”可执行文件。

13.3　实验内容

13.3.1　基础实验

实验13-1：对一句中文进行分词并输出结果

【实验要求】

（1）利用jieba库对中文“人工智能对医学研究产生了很大的影响”进行分词。

（2）输出该句话的字符总数，以及分别按全模式和精确模式分词的结果。

【实现思路】

采用IPO方法对问题进行分块：

- 输入部分：利用字符串存放中文语句。
- 处理部分：利用字符串处理函数、jieba 库对语句进行处理。
- 输出部分：输出结果。

【实验步骤】

运行IDLE软件。在D盘下新建一个文件夹，命名为“EXEC13_Part2”。在“D:\EXEC13_Part2”文件夹下，新建一个Python脚本文件，并将其命名为“EXEC13_jichu01.py”。

【参考程序】

```
'''
文件名称：EXEC13_jichu01.py
题目内容：利用 jieba 库对中文语句进行分词，并输出结果。
'''
import jieba
#输入部分
string="人工智能对医学研究产生了很大的影响"
#处理部分
len_string=len(string)                              #计算字符总数。
cutall_string=jieba.lcut(string,cut_all=True)       #利用全模式进行分词
len_cutall_string=len(cutall_string)                #计算全模式分词个数
lcut_string=jieba.lcut(string)                      #利用精确模式进行分词
len_lcut_string=len(lcut_string)                    #计算精确模式分词个数
#输出部分
print("该句话共{}字。".format(len_string))
print("按全模式分词，该句话共分为{}词。".format(len_cutall_string))
```

```
    print("全模式结果为：{}".format(cutall_string))
    print("按精确模式分词，该句话共分为{}词。".format(len_lcut_string))
    print("精确模式结果为：{}".format(lcut_string))
```

【运行结果】

```
    该句话共17字。
    按全模式分词，该句话共分为11词。
    全模式结果为：['人工', '人工智能', '智能', '对', '医学', '研究', '产生', '了',
'很大', '的', '影响']
    按精确模式分词，该句话共分为9词。
    精确模式结果为：['人工智能', '对', '医学', '研究', '产生', '了', '很大', '的',
'影响']
```

【实验解析】

（1）从全模式分词结果可以看出：全模式可以将该句话所有可能的词语都分出来。

（2）利用精确模式可以按顺序无重复地对该句话进行分词。

实验13-2：利用jieba库对中文语句进行分词、添加新词并输出分词结果

【实验要求】

（1）已知语句“家庭医生不是私人医生，是对服务对象实行全面的、连续的、有效的、及时的和个性化医疗保健服务和照顾的新型医生”。

（2）先利用jieba库进行分词，并输出分词结果。

（3）将其中的专有名词添加到jieba分词库中。

（4）再一次利用jieba库对该语句分词，输出结果并观察与第一次分词结果之间的异同。

【实现思路】

（1）采用IPO方法对问题进行分块：

- 输入部分：将语句放在一个变量中。
- 处理部分：利用jieba库进行分词。
- 输出部分：输出分词结果。

（2）利用列表存放所有的专有名词。

（3）利用循环和jieba.add_word()将专有名词添加到jieba分词库。

【实验步骤】

运行IDLE软件。在“D:\EXEC13_Part2”文件夹下，新建一个Python脚本文件，并将其命名为“EXEC13_jichu02.py”。

【参考程序】

```
'''
文件名称：EXEC13_jichu02.py
题目内容：利用 jieba 库对中文语句进行分词，并输出结果。
'''
import jieba
#输入部分
string="家庭医生不是私人医生，是对服务对象实行全面的、连续的、有效的、及时的\
和个性化医疗保健服务和照顾的新型医生"
```

```
#处理部分和输出部分
#首次利用精确模式进行分词，并输出结果
lcut_string1=jieba.lcut(string)
print("第一次精确模式结果为：{}".format(lcut_string1))
#添加专有名词
new_words=["私人医生","服务对象","医疗保健服务","新型医生"]
for words in new_words:
    jieba.add_word(words)
#再次利用精确模式进行分词，并输出结果
lcut_string2=jieba.lcut(string)
print("第二次精确模式结果为：{}".format(lcut_string2))
```

【运行结果】

```
第一次精确模式的结果为：
['家庭医生', '不是', '私人', '医生', '，', '是', '对', '服务', '对象', '实行', '全面', '的', '、', '连续', '的', '、', '有效', '的', '、', '及时', '的', '和', '个性化', '医疗保健', '服务', '和', '照顾', '的', '新型', '医生']
第二次精确模式的结果为：
['家庭医生', '不是', '私人医生', '，', '是', '对', '服务对象', '实行', '全面', '的', '、', '连续', '的', '、', '有效', '的', '、', '及时', '的', '和', '个性化', '医疗保健服务', '和', '照顾', '的', '新型医生']
```

【实验解析】

由于专有名词一般多于一个，本例先使用列表类型存放所有的专有名词，再利用for语句和jieba.add_word()方法将所有的专有名词分别添加到jieba分词库中。

实验13-3：利用pyinstaller命令对文件进行打包

【实验要求】

对一个已有的文件，利用pyinstaller命令对其打包，并生成一个“.exe”文件。

【实现思路】

（1）安装pyinstaller库。

（2）利用pyinstaller命令及“-F”参数将文件打包和输出。

【实验步骤】

（1）打开并运行“cmd.exe”。

（2）在“cmd.exe”中，利用“pip intall pyinstaller”命令或“pip3 install pyinstaller”命令安装pyinstaller库。

```
C:\>pip install pyinstaller
```

（3）在“cmd.exe”中利用pyinstaller命令及“-F”参数，对“D:\EXEC13_Part2”文件夹下的“EXEC13_jichu03.py”文件进行打包并生成“.exe”文件。进入“D:\EXEC13_Part2\dist”文件夹，运行“EXEC13_jichu03.exe”文件。

```
C:\>cd d:\EXEC13_Part2
D:\EXEC13_Part2>pyinstaller -F EXEC13_jichu03.py
```

【参考程序】

```
'''
文件名称：EXEC13_jichu03.py
题目内容：判断用户名和密码。
'''
#输入部分
username=input("请输入用户名：")
password=input("请输入密码：")
#处理部分和输出部分
if username=="TMUer" and password=="TMU123":
    print("欢迎来到 Python 的世界。")
else:
    print("用户名和密码错误，请重新输入。")
#文件最后添加 input 语句的作用是让光标停留一下，否则程序执行完毕后会自动关闭。
t=input("按回车键结束程序")
```

【运行结果】

```
请输入用户名：TMUer
请输入密码：TMU123
欢迎来到 Python 的世界。
按回车键结束程序
```

【实验解析】

本例若不在最后添加一行input()函数，则程序执行后，其窗口会自动关闭，程序执行者无法看清楚程序的运行结果。所以本例在最后一行使用了input()函数，让光标停留在最后一行，等用户输入回车后，窗口再关闭。

13.3.2 能力拓展

实验13-4：利用jieba库对文本文件进行分词

扫一扫

实验13-4
参考答案等

【实验要求】

利用jieba库对文件“中国共产党第二十届中央委员会第三次全体会议公报_节选.txt”内容进行分词，统计并输出出现频次最高的10个词汇。

【实验步骤】

运行IDLE软件。在D盘下的“EXEC13_Part2”文件夹中，新建一个Python脚本文件，并命名为“EXEC13_tuozhan01.py”。按题目功能要求，编写程序。

【实现思路】

（1）利用IPO方法对问题进行分块：

- 输入部分：打开并读取文件内容，将文件内容存放在变量中。
- 处理部分：分词，并统计词汇出现频率。
- 输出部分：输出频次最高的10个词汇。

（2）利用循环和字典统计词汇频率。

（3）利用for语句输出结果。

实验13-5：利用词云展示中文分词结果（选学）

【实验要求】

扫一扫

实验13-5
参考答案等

利用jieba库对文件“中国共产党第二十届中央委员会第三次全体会议公报_节选.txt”内容进行分词，并利用wordcloud库对结果进行展示。

【实验步骤】

运行IDLE软件。在D盘下的“EXEC13_Part2”文件夹中，新建一个Python脚本文件，并命名为“EXEC13_tuozhan02.py”。按题目功能要求，编写程序。

【实现思路】

（1）利用IPO方法对问题进行分块：

- 输入部分：打开并读取文件内容，将文件内容存放在变量中。
- 处理部分：分词并进行处理。
- 输出部分：利用wordcloud库进行展示。

（2）利用图片“hongxin.jpg”限定图片展示范围。

实验 14 文件的操作

14.1 实验目的

1．掌握在Python中进行文件操作，包括文件的打开、读取、写入和关闭操作。

2．掌握使用open()、read()、write()等函数来处理文本文件。

3．熟悉异常处理在文件操作中的应用。

4．了解文件操作在医学数据处理中的实际应用。

14.2 知识巩固

1. Python 文件类型

（1）具体内容：文件包括文本文件和二进制文件。

（2）详细说明：

① 文本文件：以文本的形式存储数据，通常是可读的字符文件，如txt文件。文件内容使用编码方式保存，常见的编码方式有ASCII和UTF-8。每一行文本文件的末尾通常包含换行符“\n”。

② 二进制文件：以二进制的形式存储数据，内容通常无法直接读取或编辑，如图片、音频、视频文件等。二进制文件以字节流的形式存储，适用于非文本数据的存储。

2. 文件操作步骤

（1）具体内容：文件操作包括打开、操作、关闭三个步骤。

（2）详细说明：

① 打开文件：使用open()函数打开文件，指定文件路径及操作模式，如读模式、写模式等。

② 操作文件：文件打开后，可以进行各种操作，如读取文件内容、写入数据等。

③ 关闭文件：使用close()函数关闭文件，以释放系统资源。未关闭的文件可能会导致数据损坏或资源泄露。

3. 文件打开函数 open(< 文件路径 >,< 模式 >,<encoding= 编码 >)

（1）具体内容：open()函数用于打开文件。

（2）详细说明：

① open()函数有三个主要参数：文件路径、操作模式和编码格式。

② 当要打开的文件和脚本文件在一个文件夹内时，可以直接在“文件路径”部分引用文件名，例如：open("example.txt",'r')。

③ 当要打开的文件和脚本文件不在一个文件夹时，需在“文件路径”部分写清楚文件的路径。为避免文件路径中转义字符的影响，常用“r+文件路径”的方法或将表示文件夹的“\”字符替换成“\\”的方法处理文件路径。例如：open(r"D:\EXEC14\01poem.txt",'r')或open("D:\\EXEC14\\01poem.txt",'r')。

④ 常用的文件打开模式包含：“r”是只读模式，“w”是覆盖写模式，“a”是追加写模式，“b”是二进制文件模式。

⑤ 文件操作完成后，需使用file.close()关闭文件。

⑥ 利用with、as保留字和open()函数打开文件后，可以进行文件操作。文件操作后，本方法会自动关闭文件，省去了手动调用close()方法关闭文件的操作步骤。其语法格式为：

```
with open(<文件名>,<打开模式>) as file:
    <文件操作>
```

⑦ 参数“encoding=编码”代表指定文件的编码格式。

4. 文件关闭 close() 方法

（1）具体内容：文件操作结束后，要用close()方法关闭文件。

（2）详细说明

① 关闭文件有助于释放系统资源，避免文件锁定或数据损坏问题。

② 如果在操作过程中忘记关闭文件，可能会导致数据无法正确写入或丢失。

③ 推荐使用with open() as语句进行文件操作。

5. 文件读取方法 read(size)

（1）具体内容：read()方法用于读取文件的所有内容。

（2）详细说明：

① read()方法可以一次性读取文件的所有内容并将其作为一个字符串返回。如果文件很大，这种方法可能会占用大量内存。

② 如下代码将读取整个example.txt文件并输出文件内容。对于大文件，建议逐行读取或使用read(size)方法指定读取的字节数。

```
with open("example.txt", 'r') as file:
    content = file.read()
    print(content)
```

③ 给定size参数时，则读入前size长度的内容。例如：file.read(200)表示读取文件前200个字符的内容。

6. 文件读取方法 readline(size)

（1）具体内容：readline()方法用于读取文件一行的内容。

（2）详细说明：

① 若不指定size参数，readline()方法只读取文件一行的内容，并以字符串形式返回读取的内容。若再次调用该方法，则继续读取下一行的内容。

② 下列示例将读取并输出example.txt文件的第一行内容，适合用于逐行处理文件内容。

```
with open("example.txt", 'r') as file:
    first_line = file.readline()
    print(first_line)
```

③ 若指定size参数，则读取一行的前size个字符。例如：某文件有10行内容，每一行都有50个字符。当第一次执行f.readline(8)后，会读取该文件第一行的前8个字符；当第一次执行f.readline(60)后，则会读取第一行的全部字符。

7. 文件读取方法 readlines(hint)

（1）具体内容：readlines()方法用于将文件内容全部读出或读出包含hint个字符的行数，并将读取内容放在一个列表当中。

（2）详细说明：

① readlines()方法读取的每一行内容都将以字符串类型的数据，存放在一个列表中。最后，再将该列表返回。例如：lines=file.readlines()会将file文件中的每一行内容作为一个元素存储在列表lines中。

② 本方法适用于读取小型文本文件。对于大型文件，建议使用for循环和file.readline()方法逐行读取数据。

③ 若给定参数hint，则读入包含hint个字符的行的内容。例如：某文件每行包括10个字符（包括换行符“\n”），共15行内容。在执行file.readlines(23)语句后，因为该文件的前23个字符在前3行内，所以将读取并返回该文件前3行的内容。

8. 文件写入方法 write(s)

（1）具体内容：write(s)方法用于将字符串s写入文件。

（2）详细说明：

① write()方法可以将指定的字符串s写入文件中，但不会自动添加换行符。

② 下列示例代码将两个字符串分别写入文件write_example.txt中，并手动在第一行末尾添加了换行符“\n”。注：如果文件已存在且使用“w”模式，则语句会覆盖原有内容。使用“a”模式可实现追加写入。

```
with open("write_example.txt", 'w') as file:
    file.write("这是第一行文本。\n")
    file.write("这是第二行文本。\n ")
```

9. 文件写入方法 writelines(ls)

（1）具体内容：writelines()方法用于将一个字符串列表ls写入文件。

（2）详细说明：

① writelines()也不会在每行末尾自动添加换行符。因此，如果需要每行都换行，必须在每个字符串后手动添加一个换行符“\n”。例如：file.writelines(["这是第一行\n", "这是第二行\n"])会将两个字符串分别写入文件。

② 在写入前，文件应以覆盖写模式（w）或追加写模式（a）打开。如果文件以只读模式（r）或其他不支持写入的模式打开，调用writelines()时，系统将报错。

10. Python 文件操作中的 seek(offset [,whence]) 方法

（1）具体内容：seek()方法用于设置文件指针的位置。

（2）详细说明：

① seek()方法：在文件的读取或写入过程中，seek()方法可以改变文件指针的位置，指示下一次操作的起始点。文件指针默认从文件开头开始，但可以通过seek()方法调整为其他位置。

offset参数：seek()方法的第一个参数offset是文件指针偏移量，单位为字节。正数表示从当前指针位置向后移动，负数表示从文件末尾向前移动。

whence参数：seek()方法的第二个参数whence为可选参数，用于指定偏移量的起始位置，其取值有：

- 0：相对文件开头（默认）。
- 1：相对当前位置。
- 2：相对文件末尾。

② 应用场景：当程序需要跳过文件中的某些部分，或者在文件中随机访问数据时，尤其在读取大文件或进行文件编辑时，使用seek()方法非常有效。

11. 数据组织的维度

（1）具体内容：数据可以组织为一维、二维和高维数据。

（2）详细说明：

① 一维数据：由有序或无序的数据构成，采用线性的方式组织。通常是一个列表或数组，如[1, 2, 3, 4]，表示一个一维线性的数据序列。

② 二维数据：也称表格数据，由关联关系数据组成。通常是一个表格结构或矩阵，如[[1, 2], [3, 4]]，表示一个二维表格数据，其每一行也可以看作是一个一维数组，广泛应用于数据表的处理。

③ 高维数据：可以扩展到三维或更高维度，常见于科学计算、图像处理和机器学习中的张量数据表示，如三维数组表示立体数据。

12. CSV 格式

（1）具体内容：CSV（comma separated values）格式是一种用逗号分隔数据的文本文件格式。

（2）详细说明：

① CSV文件是一种简单的数据存储格式，常用于存储表格数据或数据库导出文件。文件中的每一行代表一条记录，记录的字段之间用逗号进行分隔。

② CSV文件可以被各种表格处理软件（如Excel）或编程语言（如Python的csv模块、pandas模块）轻松解析。

③ CSV格式文件中，在每行数据的末尾都会有一个换行符，所以在编程读取CSV文件时，常用替换等方法将每行的换行符号删除。同理，在写入CSV数据时，数据之间也要添加逗号作为分隔符，在每行的末尾要添加一个换行符。由于不同操作系统换行符不同，本实习册以“\n”为换行符。

13. CSV 格式文件的读操作

（1）具体内容：通过文本文件读取方法、Python的csv模块或pandas模块都可以读取CSV格式的文件。

（2）详细说明：

① 通过Python语言的read()、readline()、readlines()等方法可以对CSV格式的文件进行

读操作，具体读取方法与Python读取文本文件方法完全相同。

② 选学：通过Python语言的csv模块也可以读取CSV文件。使用csv.reader()可以将CSV文件读取为一个迭代器，每次迭代返回一行数据。例如：可以通过下面的代码逐行读取ata.csv文件，并输出每行数据：

```
import csv
with open("ata.csv" 'r') as file:
    reader = csv.reader(file)
    for row in reader:
        print(row)
```

14. CSV格式文件的写操作

（1）具体内容：通过文本文件写方法和Python语言的csv模块都可以向CSV文件写入数据。

（2）详细说明：

① 通过Python语言的write()、writelines()方法可以对CSV格式的文件进行写入操作，具体写入方法与Python对文本文件的写入方法完全相同。

② 选学：使用csv.writer()可以将数据写入CSV文件。数据需要以列表形式传递，每个列表元素代表一行内容。例如：通过下面的代码可以向output.csv文件写入两行数据。

```
import csv
with open('output.csv', 'w', newline='') as file:
    writer = csv.writer(file)
    writer.writerow(['姓名', '年龄', '性别'])
    writer.writerow(['张三', '25', '男'])
```

其中，“newline=''”参数的含义是：在打开文件时让Python语言使用操作系统默认的换行符，避免CSV在写入过程中产生多余的空行。对CSV文件进行写入操作时，尤其是在跨平台工作时，推荐设置“newline=''”以避免换行符的干扰。

15. 文件和目录操作模块（选学）

（1）具体内容：Python语言的os模块提供了用于文件和目录操作的常用函数。

（2）详细说明：

① os模块允许对操作系统中的文件和目录进行操作，如创建或删除文件、获取文件路径等。

② os模块的常用函数包括：

- os.remove(path)：删除指定路径的文件。
- os.mkdir(path)：创建一个新目录。
- os.path.exists(path)：判断路径是否存在。

③ 如下代码会检查名为new_folder的目录是否存在，如果不存在，则创建该目录。

```
import os
if not os.path.exists('new_folder'):
    os.mkdir('new_folder')
```

14.3 实验内容

14.3.1 基础实验

实验14-1：文件的打开和读取

【实验要求】

编写程序，打开一个文本文件，读取全部内容并输出到IDLE控制台中，最后关闭文件。

【实验步骤】

运行IDLE软件。在D盘下新建一个文件夹，命名为“EXEC14_Part2”。在“D:\EXEC14_Part2”文件夹下，新建一个Python脚本文件，并将其命名为“EXEC14_jichu01.py”。

【实现思路】

（1）使用open()函数以只读模式打开文件。

（2）使用read()方法读取文件内容并输出，最后关闭文件。

【参考程序】

```
#EXEC14_jichu01.py
file = open(r"..\EXEC14_part1\01poem.txt",'r',encoding='utf-8')
content = file.read()
print(content)
file.close()
```

【运行结果】

```
登飞来峰
宋　王安石
飞来山上千寻塔，闻说鸡鸣见日升。
不畏浮云遮望眼，自缘身在最高层。
```

【实验解析】

（1）文件操作一般分为三个步骤：打开文件、读取内容或进行写操作、关闭文件。

（2）使用open()函数并以只读模式打开文件，再用read()方法读取整个文件内容。

（3）关闭文件：操作完成后，必须调用close()方法关闭文件，以释放系统资源。

实验14-2：使用readline()函数和readlines()函数读取文件

【实验要求】

编写程序，使用readline()函数和readlines()函数读取文件内容，并输出文件每行的内容。

【实验步骤】

运行IDLE软件。在“D:\EXEC14_Part2”文件夹下，新建一个Python脚本文件，并将其命名为“EXEC14_jichu02.py”。

【实现思路】

（1）使用readline()函数读取文件并输出读取的内容

（2）使用readlines()函数读取文件内容并输出每行内容。

【参考程序】

```
#EXEC14_jichu02.py
with open(r"..\EXEC14_part1\01poem.txt",'r',encoding='utf-8') as file:
    #读取文件第一行内容
    line1 = file.readline()
    print(line1)
    #读取文件第二行内容
    line2=file.readline()
    print(line2)
    #读取文件剩余内容
    lines1=file.readlines()
    print(lines1)
    #将文件偏移量挪至文件开头
    file.seek(0)
    #读取文件全部内容
    lines2=file.readlines()
    print(lines2)
```

【运行结果】

```
登飞来峰

宋 王安石

['飞来山上千寻塔，闻说鸡鸣见日升。\n', '不畏浮云遮望眼，自缘身在最高层。\n']
['登飞来峰\n', '宋 王安石\n', '飞来山上千寻塔，闻说鸡鸣见日升。\n', '不畏浮云遮望眼，自缘身在最高层。\n']
```

【实验解析】

（1）readline()方法每执行一次，读取一行文件的内容。

（2）readlines()方法若不指定hints参数，会读取文件全部的内容，并以列表形式返回结果。该方法适用于一次性读取较小的文件内容。

（3）因为01poem.txt文件每行末尾都有一个换行符，这个换行符会将光标挪至下一行开头，而print()语句自身执行后也会自动将光标挪至下一行开头，所以在结果的第二行和第四行会产生两个空行。此外，换行符通常是不可见的，本例执行readlines()语句后，可在结果中看到换行符“\n”。

（4）通过file.seek(0)可将文本文件的偏移量再次挪至文件开头。

实验14-3：文件的“覆盖写”模式和“追加写”模式

【实验要求】

使用write()函数分别以写模式和追加模式打开文件，观察并比较两种模式的异同。

【实验步骤】

运行IDLE软件。在“D:\EXEC14_Part2”文件夹下，新建一个Python脚本文件，并将其命名为“EXEC14_jichu03.py”。

【实现思路】

（1）先读取文件，查看文本文件原始内容。

（2）利用“覆盖写”模式将内容写入文件，再读取文件内容，查看写入内容。

（3）再利用“追加写”模式将内容写入文件，再读取文件内容，最后再次查看写入内容。

【参考程序】

```
#EXEC14_jichu03.py
#覆盖写模式
with open(r"..\EXEC14_part1\02poem.txt",'r',encoding='utf-8') as file:
    print("文件 02poem.txt 原内容：")
    print(file.read())
with open(r"..\EXEC14_part1\02poem.txt",'w',encoding='utf-8') as file:
    text1="从军行\n唐 王昌龄\n青海长云暗雪山，孤城遥望玉门关。\n黄沙百战穿金甲，不破楼兰终不还。\n"
    file.write(text1)
with open(r"..\EXEC14_part1\02poem.txt",'r',encoding='utf-8') as file:
    print("文件 02poem.txt 改写后内容：")
    print(file.read())

#追加写模式
with open(r"..\EXEC14_part1\03poem.txt",'r',encoding='utf-8') as file:
    print("文件 03poem.txt 原内容：")
    print(file.read())
with open(r"..\EXEC14_part1\03poem.txt",'a',encoding='utf-8') as file:
    text1="从军行\n唐 王昌龄\n青海长云暗雪山，孤城遥望玉门关。\n黄沙百战穿金甲，不破楼兰终不还。\n"
    file.write(text1)
with open(r"..\EXEC14_part1\03poem.txt",'r',encoding='utf-8') as file:
    print("文件 03poem.txt 改写后内容：")
    print(file.read())
```

【运行结果】

```
文件 02poem.txt 原内容：
登飞来峰
宋 王安石
飞来山上千寻塔，闻说鸡鸣见日升。
不畏浮云遮望眼，自缘身在最高层。

文件 02poem.txt 改写后内容：
从军行
唐 王昌龄
青海长云暗雪山，孤城遥望玉门关。
黄沙百战穿金甲，不破楼兰终不还。

文件 03poem.txt 原内容：
登飞来峰
宋 王安石
飞来山上千寻塔，闻说鸡鸣见日升。
```

```
不畏浮云遮望眼，自缘身在最高层。

文件 03poem.txt 改写后内容：
登飞来峰
宋 王安石
飞来山上千寻塔，闻说鸡鸣见日升。
不畏浮云遮望眼，自缘身在最高层。
从军行
唐 王昌龄
青海长云暗雪山，孤城遥望玉门关。
黄沙百战穿金甲，不破楼兰终不还。
```

【实验解析】

（1）文件读模式（r）：只能读内容，无法改写其内容。

（2）文件覆盖写（w）模式：原内容被覆盖，被写入新内容，且原内容无法找回。

（3）文件追加写（a）模式：向文件末尾追加内容。

实验14-4：读写CSV文件内容

【实验要求】

编写程序，使用readline()和write()方法分别对CSV文件进行读取和写入。

【实验步骤】

运行IDLE软件。在“D:\EXEC14_Part2”文件夹下，新建一个Python脚本文件，并将其命名为“EXEC14_jichu04.py”。

【实现思路】

（1）使用readline()方法读取CSV文件的每一行。

（2）使用write()方法将数据写入CSV文件。

【参考程序】

```
#EXEC14_jichu04.py
#读取 CSV 文件
data=[]
with open(r"..\EXEC14_part1\04data.csv",'r',encoding='utf-8') as file:
    while True:
        d=file.readline()
        if len(d)>0:
            print(d)
            data.append(d)
        else:
            break
#写入 CSV 文件
with open("04write_data.csv",'w',encoding='utf-8') as file:
    result=""
    for i in range(len(data)):
        result+=data[i]
    file.write(result)
```

【运行结果】

```
姓名,性别,年龄

张三,男,18

李四,女,17

王五,女,18

赵六,男,19
```

【实验解析】

（1）使用write()方法将信息写入CSV文件时，不能将列表类型的数据直接写入，必须得将列表类型的数据转换为字符串类型之后才能写入。

（2）在查看CSV文件内容时，由于编码问题，利用Excel软件打开CSV文件后，常常会出现乱码的情况，所以，强烈建议程序编写者使用“记事本”软件查看文件内容。

实验14-5：利用csv模块读写CSV文件（选学）

【实验要求】

编写程序，使用Python语言的csv模块读写CSV文件。

扫一扫

实验14-5
参考答案等

【实验步骤】

运行IDLE软件。在“D:\EXEC14_Part2”文件夹下，新建一个Python脚本文件，并将其命名为“EXEC14_jichu05.py”。

【实现思路】

（1）使用csv.reader()读取CSV文件的所有内容，然后利用for语句进行遍历。

（2）使用csv.writer()将列表数据写入CSV文件。

实验14-6：判断文件类型

【实验要求】

编写一个程序，打开并读取文件，并判断该文件的类型是文本文件还是二进制文件。

【实验步骤】

运行IDLE软件。在“D:\EXEC14_Part2”文件夹下，新建一个Python脚本文件，并将其命名为“EXEC14_jichu06.py”。

【实现思路】

（1）使用open()函数以二进制模式打开文件，并通过文件内容进行判断。

（2）如果文件只包含可读字符（如ASCII或UTF-8编码），则是文本文件，否则是二进制文件。

（3）字符编码是否大于127可以判断字节是否属于ASCII范围外的字符。如果字符编码大于127，则说明文件中包含非文本数据。

【参考程序】

```
#EXEC14_jichu06.py
```

```
def is_text_file(filepath):
    with open(filepath, 'rb') as file:
        for byte in file.read(1000):
            if byte >127:
                return False
        return True

filepath = r"..\EXEC14_part1\05apple.jpg"
if is_text_file(filepath):
    print(f'{filepath} 是文本文件。')
else:
    print(f'{filepath} 是二进制文件。')
```

【运行结果】

```
..\EXEC14_part1\05apple.jpg 是二进制文件。
```

【实验解析】

（1）打开文件：使用open(filepath, 'rb')以二进制模式打开文件，读取其内容。

（2）通过函数is_text_file()判断文件类型：读取文件的前1 000个字节，判断是否有任何字节值超过127（超出ASCII范围）。如果存在，则认为该文件是二进制文件，否则为文本文件。

（3）输出结果：根据判断结果输出文件类型。

（4）经过验证，图片文件是一个二进制文件，程序编写者也可以利用本程序验证一下01poem.txt文件的类型。

14.3.2 程序改错练习

实验14-7：文件模式错误

【实验要求】

编写程序尝试读取文件内容，但文件打开模式错误，导致程序无法正常运行。请修正代码，使文件能够正确读取。

【实验步骤】

运行IDLE软件。打开“D:\EXEC14_Part1\EXEC14_gaicuo01.py”文件。对参考程序进行分析，并按本实验的功能要求改正程序中出现的错误。将改正后的程序另存在“D:\EXEC14_Part2”文件夹下，并将文件名命名为“EXEC14_gaicuo01_daan.py”。

【参考程序】

```
#EXEC14_gaicuo01.py
file = open(r"..\EXEC14_part1\01poem.txt",'a',encoding='utf-8')
content = file.read()
print(content)
file.close()
```

【运行结果】

```
io.UnsupportedOperation: not readable
```

【实验解析】

（1）程序报错，提示文件不可读。

（2）错误原因：经检查发现，文件采用了“覆盖写”模式，而没有用“读模式”打开。

（3）改正思路：将打开模式修改为“读模式”。

【参考答案】

```
#EXEC14_gaicuo01_daan.py
file = open(r"..\EXEC14_part1\01poem.txt",'r',encoding='utf-8')
content = file.read()
print(content)
file.close()
```

【运行结果】

```
登飞来峰
宋　王安石
飞来山上千寻塔，闻说鸡鸣见日升。
不畏浮云遮望眼，自缘身在最高层。
```

实验14-8：文件未关闭隐患

【实验要求】

已知一个程序，打开并读取文本文件内容，但没有关闭。请修正错误，使文件正常关闭。

【实验步骤】

运行IDLE软件。打开“D:\EXEC14_Part1\EXEC14_gaicuo02.py”文件。将“D:\EXEC14_part1\01poem.txt”文件移动到D盘下。对参考程序进行分析，并按本实验的功能要求改正程序中出现的错误。将改正后的程序另存在“D:\EXEC14_Part2”文件夹下，并将文件名命名为“EXEC14_gaicuo02_daan.py”。

【参考程序】

```
#EXEC14_gaicuo02.py
file = open(r"..\EXEC14_part1\01poem.txt",'r',encoding='utf-8')
content = file.read()
print(content)
```

【运行结果】

```
登飞来峰
宋　王安石
飞来山上千寻塔，闻说鸡鸣见日升。
不畏浮云遮望眼，自缘身在最高层。
```

【实验解析】

（1）程序没有报错，但在移动文件时，系统提示“操作无法完成，因为文件已在Python中打开”，无法完成移动操作。

（2）错误原因：经检查发现，文件没有关闭，持续保持打开状态。

（3）改正思路1：将文件操作完成后，利用close()方法关闭文件。

（4）改正思路2：使用with语句打开并操作文件。因为with语句可以确保无论程序是否出错，文件都会被关闭。

（5）本例利用with语句对程序进行修改。

【参考答案】

```
#EXEC14_gaicuo02_daan.py
with open(r"..\EXEC14_part1\01poem.txt",'r',encoding='utf-8') as file:
    content = file.read()
    print(content)
```

【运行结果】

```
登飞来峰
宋 王安石
飞来山上千寻塔，闻说鸡鸣见日升。
不畏浮云遮望眼，自缘身在最高层。
```

实验14-9：将数据写入CSV文件

【实验要求】

（1）已知数据[['姓名','性别','年龄'],['张三','男',18],['李四','女',17],['王五','女',18],['赵六','男',19]]。

（2）编写一个程序，将以上列表中的数据写入CSV文件。

【实验步骤】

运行IDLE软件。打开“D:\EXEC14_Part1\EXEC14_gaicuo03.py”文件。对参考程序及其运行结果进行分析，并按本实验的功能要求改正程序中出现的错误。将改正后的程序另存在“D:\EXEC14_Part2”文件夹下，并将文件名命名为“EXEC14_gaicuo03_daan.py”。

【参考程序】

```
#EXEC14_gaicuo03.py
data = [['姓名','性别','年龄'],['张三','男',18],['李四','女',17],['王五','女',18],['赵六','男',19]]
with open(r"..\EXEC14_part1\06write_listdata.csv",'w',encoding='utf-8') as file:
    result=""
    for i in range(len(data)):
        for j in range(len(data[i])):
            result+=str(data[i][j])+','
    file.write(result)
```

【运行结果】

```
姓名,性别,年龄,张三,男,18,李四,女,17,王五,女,18,赵六,男,19,
```

【实验解析】

（1）程序没有报错，但运行结果与题意不符。

（2）错误原因：在每行的末尾应该是换行符，而不应该是逗号。

（3）改正思路：将每行末尾的逗号删掉，再连接一个换行符。注：程序编写者应该注意改正语句的位置。该部分语句应该在内层for语句的外面，而在外层for语句的里面。

【参考答案】

```
#EXEC14_gaicuo03_daan.py
data = [['姓名','性别','年龄'],['张三','男',18],['李四','女',17],['王五','女',18],['赵六','男',19]]
with open(r"..\EXEC14_part1\06write_listdata.csv",'w',encoding='utf-8') as file:
    result=""
    for i in range(len(data)):
        for j in range(len(data[i])):
            result+=str(data[i][j])+','
        result=result[0:-1]
        result+='\n'
    file.write(result)
```

实验14-10：利用异常机制处理文件名称错误（选学）

【实验要求】

编写一个程序，利用异常机制处理文件名称错误问题。

扫一扫

实验14-10
参考答案等

【实验步骤】

运行IDLE软件。打开“D:\EXEC14_Part1\EXEC14_gaicuo04.py”文件。对参考程序及其运行结果进行分析，并按本实验的功能要求改正程序中出现的错误。将改正后的程序另存在“D:\EXEC14_Part2”文件夹下，并将文件名命名为“EXEC14_gaicuo04_daan.py”。

【参考程序】

```
#EXEC14_gaicuo04.py
try :
    with open("..\EXEC14_part1\07test.txt",'r',encoding='utf-8') as file:
        content = file.read()
    print(content)
except OSError:
    print("文件名错误，无法打开文件。")
```

【运行结果】

```
文件名错误，无法打开文件。
```

14.3.3　补全程序练习

实验14-11：大文件读取方法

【实验要求】

（1）读取大文件内容时，使用read()方法或readlines()方法容易导致内存不足。

（2）请补全程序，避免出现内存问题。

（3）读取数据，并计算Mean_1列数据的平均值，结果保留两位小数。

【实验步骤】

（1）在“cmd.exe”中，运行“pip install psutil”命令，提前安装“psutil”第三方库。

（2）打开“D:\EXEC14_Part1\EXEC14_buquan01.py”文件。

（3）分析程序，并按本实验功能要求补全两行星号之间的程序。

（4）将补全后的程序另存在“D:\EXEC14_Part2”文件夹下，并将文件名命名为“EXEC14_buquan01_daan.py”。

【参考程序】

```
#EXEC14_buquan01.py
import psutil

# 获取当前进程的内存占用情况
process = psutil.Process()
memory_usage = process.memory_info().rss
print("内存使用：{} 字节。".format(memory_usage))

data=[]
total=0

#读取 CSV 文件
with open(r"..\EXEC14_part1\08GSE115355_data.csv" , 'r', encoding='utf-8') as file:
    #先将第一行表头读出
    d=file.readline()
    #读取数据，并取出 Mean_1 数据
    while True:
        #一次读取一行数据
        #***************

        #***************
        if len(d)>0:
            temp=d.split(",")
            data.append(float(temp[1]))  #将第二列数据（Mean_1）加入 data 列表
            total+=1
        else:
            break

print("共有 {} 个数据。".format(total))
print("Mean_1数据的平均值为：{:.2f}".format(sum(data)/len(data)))

# 获取当前进程的内存占用情况
process = psutil.Process()
memory_usage = process.memory_info().rss
print("内存使用：{} 字节。".format(memory_usage))
```

【实现思路】

（1）通过两行星号所在位置可以得知，要补全代码的功能是读取数据文件的一行内容。

（2）可以利用file.readline()实现读取一行数据的功能。

【参考答案】

```
#EXEC14_buquan01_daan.py
import psutil

# 获取当前进程的内存占用情况
process = psutil.Process()
memory_usage = process.memory_info().rss
print("内存使用：{} 字节。".format(memory_usage))

data=[]
total=0

#读取 CSV 文件
with open(r"..\EXEC14_part1\08GSE115355_data.csv",'r',encoding='utf-8') as 
file:
    #先将第一行表头读出
    d=file.readline()
    #读取数据，并取出Mean_1数据
    while True:
        #一次读取一行数据
        #***************
        d=file.readline()
        #***************
        if len(d)>0:
            temp=d.split(",")
            data.append(float(temp[1]))  #将第二列数据（ Mean_1）加入 data 列表
            total+=1
        else:
            break

print("共有 {} 个数据。".format(total))
print("Mean_1数据的平均值为：{:.2f}".format(sum(data)/len(data)))

# 获取当前进程的内存占用情况
process = psutil.Process()
memory_usage = process.memory_info().rss
print("内存使用：{} 字节。".format(memory_usage))
```

【运行结果】

```
内存使用：28794880 字节。
共有 24453 个数据。
Mean_1数据的平均值为：-0.11
内存使用：30195712 字节。
```

【实验解析】

（1）原始数据来源：GSE115355_161227_170125_epi_gene_ANOVA_8-31-17.xlsx。

（2）数据下载地址：https://www.ncbi.nlm.nih.gov/geo/query/acc.cgi。

（3）程序引入的psutil库用于调用本程序占用的内存的多少。可以看出：读取文件前和通过逐行读取文件的方式，程序占用内存的增加量很少。

（4）由于运行本实例时各种计算机的差异，所以内存使用情况一般不同。

（5）程序编写者也可以通过改写程序，测试一下采用file.read()方法读取整个文件时，内存占用的增加量。

实验14-12：CSV格式文件综合实验（选学）

扫一扫

实验14-12
参考答案等

【实验要求】

编写程序，先读取CSV文件中ID列和name列的信息，再为患者增加血糖数据，最后将数据写入一个新CSV文件中。

【实验步骤】

打开“D:\EXEC14_Part1\EXEC14_buquan02.py”文件。分析程序，并按本实验功能要求补全两行星号之间的程序。将补全后的程序另存在“D:\EXEC14_Part2”文件夹下，并将文件名命名为“EXEC14_buquan02_daan.py”。

【参考程序】

```
#EXEC14_buquan02.py
import csv

temp=[]
data=[]
title=["ID","name","blood_sugar"]   #新表的表头包含 ID、name 和 blood_sugar三项内容
blood_sugar_data=[5.8,6.5,5.7,6.2]

#读取 CSV 文件
with open(r"..\EXEC14_part1\09patient.csv",'r',encoding='utf-8') as file:
    reader=csv.reader(file)
    #将所有数据都保存到 temp 列表中
    for row in reader:
        temp.append(row)

#处理数据
#先删掉原表头数据
temp=temp[1:]
#将血糖数据添加到每行数据的末尾
for i in range(len(temp)):
    single_list=[]          #single_list 列表存放每行的数据
    #提取 ID 、name 数据
    #***************

    #***************
    #拼合 blood_sugar 数据
    single_list.append(str(blood_sugar_data[i]))
    data.append(single_list)
#添加表头
data.insert(0,title)
```

```
    #写入 CSV 文件
    with open(r"..\EXEC14_part1\10patient_blood_sugar.csv",'w',encoding='utf-8')
as file:
        writer=csv.writer(file)
        writer.writerows(data)
```

【实现思路】

（1）通过两行星号所在位置可以得知，要补全代码的功能是从列表temp中抽取每个患者的ID和name数据。

（2）根据题意，要将ID和name数据添加到列表single_list中。

（3）在temp列表的每一行中，ID数据的下标为[0]，name数据的下标为[1]。

（4）在for遍历中，i表示每一行的索引，所以表示每行ID数据的写法应为temp[i][0]，表示每行name数据的写法应为temp[i][1]。

14.3.4 能力拓展

实验14-13：基于患者病历的词频统计

【实验要求】

（1）编写程序，从一个包含大量患者病历的文本文件中，统计其中出现的医学术语（如“糖尿病”“高血压”等）。

（2）输出其中出现频率最高的5个医学术语的名称及其出现的次数并按降序排序。

扫一扫

实验14-13
参考答案等

【实验步骤】

运行IDLE软件。在D盘下的“EXEC14_Part2”文件夹中，新建一个Python脚本文件，并命名为“EXEC14_tuozhan01.py”。按题目功能要求，编写程序。

【实现思路】

（1）读取文件：使用with语句打开并读取文件内容。

（2）利用jieba.lcut()对文字进行分词。

（3）利用字典操作统计每个单词出现的频率。

（4）对字典元素按值进行排序，并输出其中出现频率最高的5个医学术语的名称及出现次数。

实验14-14：处理多个患者血糖数据并生成日常报告（选学）

【实验要求】

（1）编写程序，读取存放患者血糖信息的CSV文件。

（2）根据数据，生成血糖报告文件blood_sugar_report.csv。报告中应包含每位患者的血糖的平均值（保留两位小数）、最大值和最小值。

扫一扫

实验14-14
参考答案等

【实验步骤】

运行IDLE软件。在D盘下的“EXEC14_Part2”文件夹中，新建一个Python脚本文件，并命名为“EXEC14_tuozhan02.py”。按题目功能要求，编写程序。

【实现思路】

（1）使用with语句读取患者血糖数据。

（2）因为每个患者有三个数据，所以可以利用字典类型存放数据。字典中每个元素的“键”是患者ID，每个元素的“值”以列表的形式存放三个血糖数据。

（3）计算血糖统计数据：对每位患者的数据进行统计，计算均值、最大值和最小值。

（4）生成报告：将结果写入一个新的CSV文件，并保存。

实验14-15：计算平均身高数据并生成报告（选学）

扫一扫

实验14-15
参考答案等

【实验要求】

（1）编写程序，读取存放患者身高信息的Excel文件。

（2）根据数据，患者平均身高报告文件“患者身高报告.docx”。报告中包含所有患者的平均身高。

【实验步骤】

运行IDLE软件。在D盘下的“EXEC14_Part2”文件夹中，新建一个Python脚本文件，并命名为“EXEC14_tuozhan03.py”。按题目功能要求，编写程序。

【实现思路】

（1）利用openpyxl第三方库对扩展名为“.xlsx”类型的Excel文件进行读取操作（使用前需在“cmd.exe”中利用“pip install openpyxl”命令提前安装）。

（2）利用docx第三方库对扩展名为“.docx”类型的Word文件进行写入操作（使用前需在“cmd.exe”中利用“pip install python-docx”命令提前安装）

（3）读取全部患者的身高数据，计算患者的平均身高，并保留两位小数。

（4）生成报告：将计算结果写入一个新的“.docx”文件中，并保存。

实验 15 numpy 库及操作

15.1 实验目的

1．熟悉安装第三方库的方法。
2．掌握numpy库常用的数组创建函数。
3．掌握numpy库的常用属性。
4．掌握ndarray.reshape()方法。
5．掌握numpy库的索引和切片方法。
6．掌握numpy库的算术运算函数。
7．掌握numpy库的比较运算函数。
8．掌握numpy库的其他运算函数。

15.2 知识巩固

1. pip 命令

（1）具体内容：在“cmd.exe”中可以通过pip命令安装Python第三方库。

（2）详细说明：

① 在“cmd.exe”中，通过运行命令“pip install第三方库库名”可以下载并安装第三方库。同理，在“cmd.exe”中，通过运行命令“pip uninstall第三方库库名”可以卸载本计算机中的第三方库。

② 在Python3及以上版本的软件中，pip3命令和pip命令的作用相同。

2. np.array([x,y,z],dtype=int)

（1）具体内容：从Python列表或元组创建数组。

（2）详细说明：

① np是numpy库的别名。

② 常用numpy库中的方法处理数值数据，参数[x,y,z]通常为列表或元组类型。

③ numpy要求数组每个元素的类型相同。若*x*、*y*、*z*的类型不同，np.array()会强制将*x*、*y*、*z*都转换为同一种类型的数据。每个元素的类型可以是整数、浮点数、字符等多种类型。但在日常使用过程中，整数和浮点数类型更为常见。

3. np.arange(x,y,i)

（1）具体内容：创建一个由x到y（不包括y），以i为步长的数组。

（2）详细说明：

若创建一个有线性规律的数组，可以利用np.arange()方法创建。np.arange(x, y, i)中x是起始值，y是终止值（不包括y），i为步长（默认步长为1）。例如：a=np.arange(1,5)，变量a中的内容为array([1, 2, 3, 4])。

若参数中只有x，且x>0，则创建一个从0到x-1的数组。例如：b=np.arange(3)，变量b中的内容为array([0, 1, 2])。若x<0，则创建一个空数组。例如：c=np.arange(-6)，变量c中的内容为array([], dtype=int32)。

4. np.linspace(x,y,n)

（1）具体内容：创建一个由x到y，等分成n个元素的数组。

（2）详细说明：

创建一个有线性规律的数组，可以利用np.linspace()方法创建。其中参数x是起始值，参数y是终止值（包括y），且参数x和参数y不能缺失。参数n为元素的总个数（不能为负数，默认为50）。例如：a=np.linspace(1,5,3)，变量a中的内容为array([1., 3., 5.])。

5. np.random.rand(m,n)

（1）具体内容：创建一个m行n列的随机数组。

（2）详细说明：

np.random.rand(m, n)方法按均匀分布产生m行n列的随机数组。每个元素的取值范围为[0,1)。若省略n，则生成一个包含m行1列的随机数组。

6. np.ones((m,n))

（1）具体内容：创建一个m行n列全1的数组。

（2）详细说明：

参数(m,n)表示创建数组的结构，可以用元组或列表形式表示。其中，m代表行，n代表列。若m和n都不省略，则其外侧的括号也不可省略。例如：a=np.ones((2,3))，则变量a的值为：

```
array([[1., 1., 1.],
       [1., 1., 1.]])
```

若省略n，则只生成m行1列的全1数组，此时外侧的括号可以省略。例如：b=np.ones(5)，则变量b的值为array([1., 1., 1., 1., 1.])。

7. np.empty((m,n))

（1）具体内容：创建一个m行n列的非初始化数组。

（2）详细说明：

① 参数(m,n)是表示数组的结构，m代表行，n代表列。

② 数组的元素为非初始化数值，其值是任意的。在实际使用中，需要用户手动设定特定元素的值。

8. ndarray 类的常用属性

（1）具体内容：ndarray类有几个常用的属性，其中ndarray.ndim、ndarray.shape、ndarray.size、和ndarray.dtype需要掌握。

（2）详细说明：

① ndarray.ndim可返回数组轴的个数，即返回该数组秩的个数。例如：数组a=np.zeros([3,2])，则a.ndim的值为2。

② ndarray.shape以元组形式返回数组每个维度的元素的数量。例如：数组a=np.zeros([3,2])，则a.shape的值为(3,2)。

③ ndarray.size可返回数组元素的总个数。例如：数组a=np.zeros([3,2])，则a.size的值为6。

④ ndarray.dtype可返回数组元素的数据类型。例如：数组a=np.zeros([3,2])，则a.dtype的值为dtype('float64')。常见的数据类型还有“int32”、“float32”等。

9. ndarray.reshape(n,m)

（1）具体内容：ndarray.reape()方法可以改变数组ndarray的维度结构，而数组ndarray内的值不会被改变。

（2）详细说明：

① 参数n代表行数，参数m代表列数。

例如：b=np.array([[1,2,3],[4,5,6]])，运行程序c=b.reshape(3,2)后，则c的值为：

```
array([[1,2],
       [3,4],
       [5,6]])
```

② 注：虽然运行了b.reshape()命令，但是b的结构不变，即还是：

```
array([[1,2,3],
       [4,5,6]])。
```

10. ndarray 类的索引和切片方法

（1）具体内容：可以利用索引和切片来访问数组的一些元素。其中x[i]、x[-i]、x[n:m]、x[n:m:i]需要掌握。

（2）详细说明：

① x[i]表示要索引数组x从左向右的第i个元素（i>=0）。注：左侧第一个元素的下标为0，向右依次递增。例如：a=np.array([5,-2,3,6])，则a[1]的值为-2。b=np.array([[1,2,3],[4,5,6]])，则b[1]的值为array([4,5,6])，即若b为二维或多维数组，b[1]表示索引从左向右且下标为1的那个元素。

② x[-i]表示要索引数组x从右向左的第i个元素（i>=0）。注：右侧第一个元素的下标为-1，向左依次递减。例如：a=np.array([5,-2,3,6])，则a[-1]的值为6。b=np.array([[1,2,3],[4,5,6]])，则b[-1]的值为array([4, 5, 6])，即若b为二维或多维数组，b[-1]表示索引从右向左的第一“个”元素。

③ x[n:m]表示要索引数组x从左向右第n到m-1的元素。例如：a=np.array([5,-2,3,6])，则a[1:3]的值为array([-2,3])。b=np.array([[1,2],[3,4],[5,6]])，则b[0:2]的值为

```
array([[1,2],
       [3,4]])。
```

④ x[n:m:i]表示要以i为步长，索引数组x从左向右第n到m-1的元素。例如：a=np.array([5,-2,3,6,9,4])，则a[1:6:2]的值为array([-2,6,4])。

11. numpy 库的算术运算函数

（1）具体内容：numpy库提供了一些算术运算方法，可以使两个数组的对应元素方便地进行算术运算。进行算术运算的两个数组必须保持形状一致。如果不一致，numpy会尝试对其中一个数组做广播，如果仍旧无法广播，则程序报错。其中np.add()、np.subtract()、np.multiply()、np.divide()需要掌握。

（2）详细说明：

① np.add(x1,x2)表示要计算x1+x2。例如：a=np.array([2,5])，b=np.array([3,4])，则运行语句y1=np.add(a,b)后，其结果为array([5,9])。

② np.subtract(x1,x2)表示要计算x1-x2。例如：a=np.array([2,5])，b=np.array([3,4])，则运行语句y2=np.subtract(a,b)后，其结果为array([-1,1])。

③ np.multiply(x1,x2)表示要计算x1*x2。例如：a=np.array([2,5])，b=np.array([3,4])，则运行语句y3=np.multiply(a,b)后，其结果为array([6,20])。

④ np.divide(x1,x2)表示要计算x1/x2。例如：a=np.array([2,5])，b=np.array([3,4])，则运行语句y4=np.divide(a,b)后，其结果为array([0.66666667,1.25])。

⑤ numpy库广播机制细节很多，由于篇幅所限，此处不做过多说明，程序编写者可以查阅更多资料进行进一步学习。本处假定，程序编写者在使用 numpy 库存储和处理数据时，不同数组的列的长度是相等的。

12. numpy 库的比较运算函数

（1）具体内容：numpy库提供了一些比较运算函数，可以使两个数组的对应元素方便地进行比较运算。其中np.equal()、np.not_qual()、np.less()、np.less_equal()、np.greater()、np.greater_equal()需要掌握。

（2）详细说明：

① np.equal(x1,x2)表示要比较x1==x2。例如：c=np.array([2,5])，d=np.array([3,5])，则运行语句y5=np.equal(c,d)后，其结果为array([False,True])。

② np.not_equal(x1,x2)表示要比较x1!=x2。例如：c=np.array([2,5])，d=np.array([3,5])，则运行语句y6=np.not_equal(c,d)后，其结果为array([True,False])。

③ np.less(x1,x2)表示要比较x1<x2。例如：c=np.array([2,5])，d=np.array([3,5])，则运行语句y7=np.less(c,d)后，其结果为array([True,False])。

④ np.less_equal(x1,x2)表示要比较x1<=x2。例如：c=np.array([2,5])，d=np.array([3,5])，则运行语句y8=np.less_equal(c,d)后，其结果为array([True,True])。

⑤ np.greater(x1,x2)表示要比较x1>x2。例如：c=np.array([2,5])，d=np.array([3,5])，则运行语句y9=np.greater(c,d)后，其结果为array([False,False])。

⑥ np.greater_equal(x1,x2)表示要比较x1>=x2。例如：c=np.array([2,5])，d=np.array([3,5])，则运行语句y10=np.greater_equal(c,d)后，其结果为array([False,True])。

13. numpy 库的其他运算函数

（1）具体内容：numpy库还提供了一些其他运算函数，可以使数组的每个元素方便地进行一些运算。其中np.abs()、np.sqrt()、np.ceil()、np.floor()和np.exp()需要掌握。

（2）详细说明：

① np.abs(x)表示要计算数组x中每个元素的绝对值。例如：f=np.array([-2,5])，则运行

语句y11=np.abs(f)后，其结果为array([2,5])。

② np.sqrt(x)表示要计算数组x中每个元素的平方根。例如：f=np.array([2,5])，则运行语句y12=np.sqrt(f)后，其结果为array([1.41421356, 2.23606798])。

③ np.ceil(x)表示要对数组x中每个元素向上取整。例如：f=np.array([2.6,5.2])，则运行语句y13=np.ceil(f)后，其结果为array([3., 6.])。

④ np.floor(x)表示要对数组x中每个元素向下取整。例如：f=np.array([2.6,5.2])，则运行语句y14=np.floor(f)后，其结果为array([2., 5.])。

⑤ np.exp(x)表示要计算以数组x中每个元素为指数，以自然对数e为底数的多个数值。例如：g=np.array([-2,5])，则运行语句y15=np.exp(g)后，其结果为array([1.35335283e-01, 1.48413159e+02])。

15.3　实验内容

15.3.1　基础实验

实验15-1：掌握numpy库数组创建的常用方法

【实验要求】

在IDLE控制台中运行以下命令并观察结果。

【实验步骤】

运行IDLE软件。在IDLE控制台中分别运行以下命令，并观察结果。

【参考程序及运行结果】

```
>>>import numpy as np
>>>a=np.array([8,12,9,5,-6,3])
>>>a
array([ 8, 12,  9,  5, -6,  3])
>>>b=np.arange(1,10)
>>>b
array([1, 2, 3, 4, 5, 6, 7, 8, 9])
>>>c=np.linspace(0,6.28,5)
>>>c
array([0.  , 1.57, 3.14, 4.71, 6.28])
>>>d=np.random.rand(4)
>>>d
array([0.76398369, 0.73761512, 0.91123199, 0.52249004])
>>>e=np.ones((2,3))
>>>e
array([[1., 1., 1.],
       [1., 1., 1.]])
>>>f=np.empty((3,3))
>>>f
array([[0.000e+000, 0.000e+000, 0.000e+000],
       [0.000e+000, 0.000e+000, 4.605e-321],
       [0.000e+000, 0.000e+000, 0.000e+000]])
```

【实验解析】

（1）在使用numpy库之前，一定要通过import numpy as np引入numpy库，并命名为np。

（2）np.random.rand()函数生成数据符合均匀分布，且元素的取值范围为[0,1)。由于没有设定seed值，所以每次运行的结果一般不同。程序编写者若想生成固定的随机数，可以在本句之前，先运行np.random.seed()语句，例如：np.random.seed(2025)，指定种子数为2025。

（3）np.empty()函数生成的值是非初始化的，值的真实意义不大。

实验15-2：掌握ndarray类的常用属性和索引方法

【实验要求】

在IDLE控制台中运行以下命令并观察结果。

【实验步骤】

运行IDLE软件。在IDLE控制台中输入以下命令，并观察结果。

【参考程序】

```
>>>import numpy as np
>>>a=np.array([[[1,2,3],[4,5,6]],[[7,8,9],[10,11,12]]])
>>>a
array([[[ 1, 2, 3],
        [ 4, 5, 6]],
       [[ 7, 8, 9],
        [10, 11, 12]]])
>>>a.ndim
3
>>>a.shape
(2, 2, 3)
>>>a.size
12
>>>a.dtype
dtype('int32')
>>>a[1]
array([[ 7, 8, 9],
       [10, 11, 12]])
>>>a[1][0]
array([7, 8, 9])
>>>a[1,0]                   #选学1
array([7, 8, 9])
>>>a[0][1][1:]
array([5, 6])
>>>a[::,0,::]               #选学2
array([[1, 2, 3],
       [7, 8, 9]])
>>>a[::,::,1]               #选学3
array([[ 2, 5],
       [ 8, 11]])
```

【实验解析】

（1）ndarray.ndim()函数用于查看数组的轴数的个数（维度），通常使用最外层的括号数量来确定数组的轴数的个数。如图15-1所示，数组a有*x*、*y*、*z*三个轴，因此轴数的个数为3。

（2）a.shape()表示每个维度中数组的大小，返回一个整数元组。元组中第一个数据表示*z*轴维度上数组大小，如图15-1所示，数组a在*z*上的维度是2；第二个数据表示*y*轴维度上也为2；第三个数据表示*x*轴维度上为3。

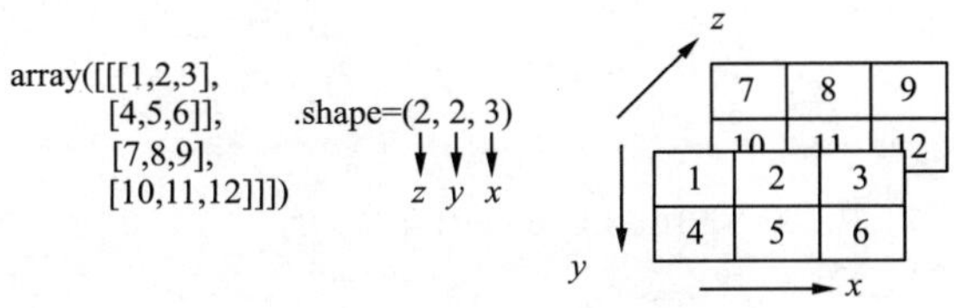

图 15-1　数组结构示意图

（3）该数组中元素类型为整型，因此a.dtype值为int32。在更高版本的软件中，也可能将整型默认为int64。

（4）数组*a*的最外层只有2个元素，即[[1,2,3],[4,5,6]]和[[7,8,9],[10,11,12]]，所以a[1]访问的是从左往右数第2个元素，即[[7,8,9],[10,11,12]]。

（5）a[1][0]访问的是数组[[7,8,9],[10,11,12]]从左往右数第0个元素，结果为[7,8,9]。

（6）选学1：多维数组的索引有两种方式，第一种是利用多个中括号，每一个中括号代表一个维度，例如a[i][j][k]；另一种方式是利用一个中括号，将各个维度的索引写在这个中括号中，每个维度之间利用逗号进行分隔，例如a[i,j,k]。日常可以使用两种方式中的任意一种进行引用。但方式a[i][j][k]更适合引用行元素的切片，方式a[i,j,k]更适合引用列元素的切片。因为a[0][1]的结果为array([4,5,6])，所以a[0][1][1:]结果为array([5,6])。

（7）选学2：本例中倒数第二个小实例的a[::,0,::]，其中“::”表示切片从头开始到末尾结束，步长默认为1，即表示包含该维度全部范围。所以x[::,0,::]表示的意思是对数组*x*按第一维度的所有范围，第二维度下标为0，第三维度的所有范围进行索引，获取其中的元素，即获取“第一层”的元素。

（8）选学3：数组a[::,::,1]的索引方法[::,::,1]表示按第一维度的所有范围、第二维度的所有范围、第三维度且下标为1来索引数组*x*的元素，即*x*的所有“第二列”的元素。

实验15-3：掌握numpy库算术运算函数的用法

【实验要求】

在IDLE控制台中运行命令并观察结果：

（1）利用数组生成函数，生成全1数组a，其结构为1行5列。

（2）利用数组生成函数，生成均匀数分布的随机数组b，其结构为1行5列。

（3）分别计算3*a、5*a+2*b、2*a*3*b、a/b的值。

【实验步骤】

运行IDLE软件。在IDLE控制台中输入以下命令。

【参考程序】

```
>>>import numpy as np
>>>a=np.ones((1,5))
>>>a
array([[1., 1., 1., 1., 1.]])
>>>b=np.random.rand(1,5)
>>>b
array([[0.78962504, 0.14260232, 0.80323769, 0.55429973, 0.06637907]])
>>>np.multiply(3,a)
array([[3., 3., 3., 3., 3.]])
>>>3*a
array([[3., 3., 3., 3., 3.]])
>>>np.add(5*a,2*b)
array([[6.57925007, 5.28520464, 6.60647538, 6.10859947, 5.13275815]])
>>>np.multiply(2*a,3*b)
array([[4.73775022, 0.85561391, 4.81942615, 3.3257984 , 0.39827444]])
>>>np.divide(a,b)
array([[ 1.26642388,  7.01250875,  1.2449615 ,  1.80407808, 15.06498868]])
```

【实验解析】

（1）可以利用np.multiply(3,a)计算3*a的值，即用3乘以a中每一个元素；也可以直接利用表达式3*a计算结果。

（2）同理，也可以利用表达式5*a+2*b、2*a*3*b和表达式a/b直接进行计算。

实验15-4：掌握numpy库比较运算函数

【实验要求】

已知数组a=np.array([1,5,8,4])，数组b=np.array([1,7,2,4])，请利用np.equal()函数和np.not_equal()函数，在IDLE控制台中对数组a和数组b进行比较，并观察结果。

【实验步骤】

运行IDLE软件。在IDLE控制台中输入以下命令，并观察结果。

【参考程序】

```
>>>import numpy as np
>>>a=np.array([1,5,8,4])
>>>b=np.array([1,7,2,4])
>>>np.equal(a,b)
array([ True, False, False, True])
>>>np.not_equal(a,b)
array([False, True, True, False])
>>>a==b                                        #选学
array([ True, False, False, True])
>>>c=a[a==b]                                   #选学
>>>c
array([1, 4])
```

【实验解析】

（1）np.equal()函数和np.not_equal()函数可以对数组a和数组b按元素比较，每一对元素比较的结果是True或者False。

（2）也可以利用a==b来对两个数组进行按元素比较是否相等。还可以将a==b作为索引，将对应元素相等的部分选取出来。

实验15-5：掌握numpy库其他运算函数

【实验要求】

已知函数$y = e^{\sqrt{x^3+1}}$，请在[0,2]的范围内生成20个横坐标，并计算y的值。

【实现思路】

采用IPO方法对问题进行分块：

- 输入部分：在[0,2]的范围内生成20个横坐标，并赋值给x。
- 处理部分：计算y的值。
- 输出部分：输出y的结果。

【实验步骤】

运行IDLE软件。在D盘下新建一个文件夹，命名为“EXEC15_Part2”。在“D:\EXEC15_Part2”文件夹下，新建一个Python脚本文件，并将其命名为“EXEC15_jichu01.py”。

【参考程序】

```
'''
文件名称：EXEC15_jichu01.py
题目内容：在 [0,2] 的范围内，生成 20 个横坐标，并计算函数 y 的值。
'''
import numpy as np
#输入部分
x=np.linspace(0,2,20)
#处理部分
y=np.exp(np.sqrt(x**3+1))
#输出部分
print("结果为：")
print(y)
```

【运行结果】

```
结果为：
[ 2.71828183   2.71986706   2.73096375   2.76108491   2.81975938   2.91659723
  3.06147727   3.26493743   3.5388172    3.89715265   4.35730104   4.94129414
  5.67747337   6.60251982   7.76404898   9.2239992    11.06311506  13.38692636
16.33376244   20.08553692]
```

【实验解析】

（1）在函数计算和作图时，经常使用np.linspace()方法生成多个横坐标。

（2）列表无法直接进行按对应元素的算术运算，必须得通过循环的方法先进行遍历，再进行按对应元素的算术运算。而numpy库的数组可以按对应元素直接操作，所以对批量数据按对应元素进行计算时，通常利用numpy库生成数组，再进行操作。

（3）本例使用np.exp()函数和np.sqrt()函数对数组x进行计算。

（4）为了更容易看清输出结果，本例对运行结果进行了人为的对齐调整。

15.3.2 补全程序练习

实验15-6：列表元素对应相加

【实验要求】

已知列表a=[3,5,8,1,2]，b=[1,4,2,9,7]。补全程序，实现以下功能：将两个列表按元素进行相加，并输出结果。

【实验步骤】

打开“D:\EXEC15_Part1\ EXEC15_buquan01.py”文件。分析程序，并按本实验功能要求补全两行星号之间的程序。将补全后的程序另存在“D:\EXEC15_Part2”文件夹下，并将文件名命名为“EXEC15_buquan01_daan.py”。

【参考程序】

```
'''
文件名称：EXEC15_buquan01.py
题目内容：将两个列表按元素进行相加，并输出结果。
'''
import numpy as np
#输入部分
a=[3,5,8,1,2]
b=[1,4,2,9,7]
temp_a=np.array(a)
temp_b=np.array(b)
#处理部分
#**************

#**************
result=list(temp)
#输出部分
print("结果为：")
print(result)
```

【实现思路】

（1）通过两行星号所在位置可以得知，要补全的部分是处理部分的代码。

（2）通过对输入部分的分析可以得知，通过数组加和，可以直接按元素求和。

（3）通过对其他代码分析可以得知，数组求和的结果放在变量temp中。

【参考答案】

```
'''
文件名称：EXEC15_buquan01_daan.py
题目内容：将两个列表按元素进行相加，并输出结果。
'''
import numpy as np
#输入部分
a=[3,5,8,1,2]
b=[1,4,2,9,7]
temp_a=np.array(a)
temp_b=np.array(b)
```

```
#处理部分
#**************
temp=temp_a+temp_b
#**************
result=list(temp)
#输出部分
print("结果为：")
print(result)
```

【运行结果】

```
结果为：
[4, 9, 10, 10, 9]
```

【实验解析】

（1）在日常编程时，对某种数据类型要进行特定的操作（例如，本例对两个列表进行按元素求和）时，通常可以考虑将该数据类型转变成其他数据类型，然后进行操作，等操作完毕后，再将结果转换回初始数据类型。

（2）两行星号的补全部分也可以写成temp=np.add(temp_a,temp_b)。

实验15-7：产生图片负片效果

【实验要求】

（1）补全程序，实现以下功能：将“D:\EXEC15_Part1\apple.jpg”图片为基础，分别生成灰度模式图片和生成负片。

（2）将负片另存在“D:\EXEC15_Part2”文件夹下，并将文件名命名为“apple_negtivefilm.jpg”。

【实验步骤】

打开“D:\EXEC15_Part1\ EXEC15_buquan02.py”文件。分析程序，并按本实验功能要求补全两行星号之间的程序。将补全后的程序另存在“D:\EXEC15_Part2”文件夹下，并将文件名命名为“EXEC15_buquan01_daan.py”。

【参考程序】

```
'''
文件名称：EXEC15_buquan02.py
题目内容：将图片转变为负片，并输出。
'''
from PIL import Image
import numpy as np

#输入部分
#打开图片“apple.jpg”，并且转换为灰度模式，再利用 np.array 将图片数据转变为数组
im=np.array(Image.open(r"D:\EXEC15_Part1\apple.jpg").convert("L"))
shape=im.shape
array255=np.ones(shape)*255

#处理部分
#计算负片：利用255-每个像素的数值，即可得到该像素的负片数值
```

```
#**************

#**************
#将数组数据转变为图片
im2=Image.fromarray(np.uint(im1))
#将 im2 转换回 RGB 模式
im2=im2.convert("RGB")

#输出部分
#保存图片文件
im2.save(r"D:\EXEC15_Part2\apple_negtivefilm.jpg")
```

【实现思路】

（1）通过两行星号所在位置可以得知，要补全的部分是处理部分的代码。

（2）通过对星号附近的注释语句，以及输入部分的代码分析可以得知，需要利用np.subtract()函数对255数组及im数组进行减法操作。

【参考答案】

```
'''
文件名称：EXEC15_buquan02.py
题目内容：将图片转变为负片，并输出。
'''
from PIL import Image
import numpy as np

#输入部分
#打开图片“apple.jpg”，并且转换为灰度模式，再利用 np.array 将图片数据转变为数组
im=np.array(Image.open(r"D:\EXEC15_Part1\apple.jpg").convert("L"))
shape=im.shape
array255=np.ones(shape)*255

#处理部分
#计算负片：利用255-每个像素的数值，即可得到该像素的负片数值
#**************
im1=np.subtract(array255,im)
#**************
#将数组数据转变为图片
im2=Image.fromarray(np.uint(im1))
#将 im2 转换回 RGB 模式
im2=im2.convert("RGB")

#输出部分
#保存图片文件
im2.save(r"D:\EXEC15_Part2\apple_negtivefilm.jpg")
```

【运行结果】

运行结果如图15-2所示。

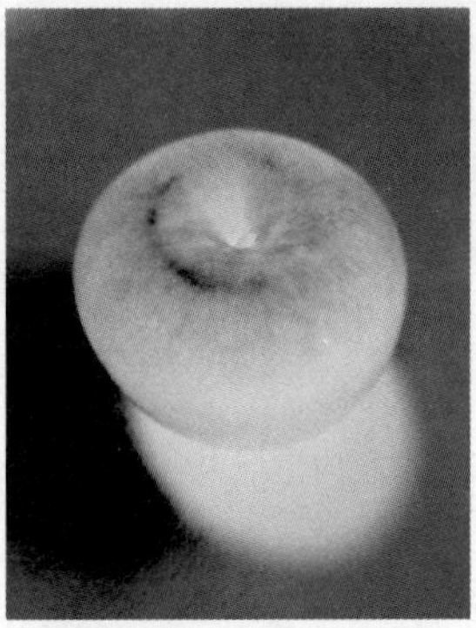

图 15-2　苹果负片效果

【实验解析】

（1）文件路径前面的字符r的含义是让程序忽略字符串中可能出现的“\”转义字符效果。

（2）本例中，当程序编写者对numpy数组的算术运算熟悉以后，也可以利用语句im1=255-im直接实现负片的运算。

（3）保存图片文件前，一定要将图片由灰度模式转换为RGB模式。

15.3.3 能力拓展

实验15-8：计算并输出数组的常见统计量

【实验要求】

（1）在某班随机抽取6个男生，其身高数据分别为1.76、1.85、1.68、1.83、1.74、1.80。

（2）利用numpy数组计算并输出数据最大值、最小值、极差、中位数、方差、标准差。

（3）最大值、最小值、极差、中位数保留两位小数，方差和标准差保留四位小数。

扫一扫

实验15-8
参考答案等

【实验步骤】

运行IDLE软件。在D盘下的“EXEC15_Part2”文件夹中，新建一个Python脚本文件，并命名为“EXEC15_tuozhan01.py”。按题目功能要求，编写程序。

【实现思路】

（1）利用IPO方法对问题进行分块：

- 输入部分：利用numpy库生成数组a。
- 处理部分：计算数组a的最大值、最小值、极差、中位数、方差和标准差。
- 输出部分：按格式要求输出结果。

（2）利用max()函数或数组的max方法计算最大值。

（3）利用min()函数或数组的min方法计算最小值。

（4）利用最大值减最小值计算极差。

（5）利用np.median()函数计算中位数（选学）。

（6）利用np.var()函数计算方差（选学）。

（7）利用np.std()函数计算标准差（选学）。

（8）利用{:.2f}方法保留两位小数。

实验15-9：生成垂直翻转和水平翻转图片（选学）

扫一扫

实验15-9
参考答案等

【实验要求】

（1）以“D:\EXEC15_Part1\apple.jpg”图片为基础，利用numpy库生成该图片的垂直翻转图片和水平翻转图片。

（2）将垂直翻转图片和水平翻转图片分别以“apple_vf.jpg”和“apple_hf.jpg”为文件名，保存在“D:\EXEC15_Part2”文件夹中。

【实验步骤】

运行IDLE软件。在D盘下的“EXEC15_Part2”文件夹中，新建一个Python脚本文件，并命名为“EXEC15_tuozhan02.py”。按题目功能要求，编写程序。

【实现思路】

（1）利用IPO方法对问题进行分块：

- 输入部分：利用numpy将图片数据赋值给数组image_array。
- 处理部分：生成垂直翻转图片和水平翻转图片。
- 输出部分：将结果图片进行保存。

（2）利用数组索引方法处理垂直翻转和水平翻转效果。

实验 16 matplotlib 库使用

16.1 实验目的

1．掌握利用 matplotlib 库进行基本绘图操作。

2．掌握多种常用绘图类型，如折线图、条形图、散点图、饼图等。

3．掌握设置图表的标签、标题、坐标轴等操作。

16.2 知识巩固

1. plt.figure() 函数

（1）具体内容：该函数的作用是创建一个全局绘图区域。

（2）详细说明：plt.figure()用于创建一个全局绘图窗口，之后的所有子图都会在这个窗口中进行绘制。可以通过参数设置窗口大小、分辨率等。

2. plt.subplot(nrows, ncols, plot_number) 函数

（1）具体内容：该函数的作用是在全局绘图区创建一个子绘图区域。

（2）详细说明：

① 参数nrows和ncols指定子图的行数和列数。

② 参数plot_number指定当前绘制的子图编号（从1开始）。

③ 该函数允许在一个窗口中绘制多个子图。

④ 例如：plt.subplot(2,2,3)，全局绘图区域会被分割成2行2列的网格，子图会绘制在第3个子图区域（子图采用横向计数），即绘制在第2行第1列的区域。

3. plt.legend() 函数

（1）具体内容：该函数的作用是在绘图区域中设置图例。

（2）详细说明：plt.legend()用于设置数据的图例，图例通常用来标识不同的数据线或图形。图例的内容需通过plot()函数的label参数设置。

4. plt.show() 函数

（1）具体内容：该函数的作用是显示创建的绘图对象。

（2）详细说明：

① plt.show() 用于显示当前所有创建的图形。调用函数后，所有绘图操作都会呈现在屏幕上。

② 在绘制多幅图时，建议在最后调用该函数。

5. plt.plot(x, y, label=None, color=None, width=None) 函数

（1）具体内容：该函数的作用是根据x和y数组的数据绘制直线或曲线。

（2）详细说明：

① x和y是要绘制的数据。参数label用于设置数据线的图例，color用于设置线条颜色，width设置线条宽度。

② 该函数是最常用的绘制折线图的函数。

6. plt.bar(x,y, width=None, bottom=None) 函数

（1）具体内容：该函数的作用是绘制一个竖向条形图。

（2）详细说明：x和y是要绘制的数据。width表示条形的宽度，bottom设置条形的底部位置。

7. plt.barh(x, y, bottom, width, height=None, left=None) 函数

（1）具体内容：该函数的作用是绘制一个横向条形图。

（2）详细说明：

① x和y是要绘制的数据。bottom设置条形的底部位置，width设置条形的宽度。

② 横向条形图和竖向条形图相似，主要区别在于轴的方向不同。

8. plt.pie(data, explode=None) 函数

（1）具体内容：该函数的作用是绘制饼图。

（2）详细说明：

① data是每块饼图对应的数据，explode用于突出显示某一部分（通过设置偏移量）。

② plt.pie()常用于显示数据的比例分布。

9. plt.scatter(x, y) 函数

（1）具体内容：该函数的作用是绘制散点图。

（2）详细说明：

① x和y是要绘制的数据。

② plt.scatter()用于显示数据点的分布，常用于观察数据之间的关系。

10. plt.hist(x, bins=None, density=None) 函数

（1）具体内容：该函数的作用是绘制直方图。

（2）详细说明：

① x是输入数据；bins指定直方图的分组数量；density用于设置是否将频数标准化为概率密度。

② 直方图常用于显示数据的分布。

11. plt.xlim(xmin, xmax) 函数

（1）具体内容：该函数的作用是设置当前 x 轴的取值范围。

（2）详细说明：xmin和xmax用于指定 x 轴的最小值和最大值，用于调整 x 轴的显示范围。

12. plt.ylim(ymin, ymax) 函数

（1）具体内容：该函数的作用是设置当前 y 轴的取值范围。

（2）详细说明：ymin和ymax用于指定 y 轴的最小值和最大值，用于调整 y 轴的显示范围。

13. plt.xlabel(s) 函数

（1）具体内容：该函数的作用是设置 *x* 轴的标签。

（2）详细说明：参数 s 用于设置 *x* 轴标签的文本内容，用于描述 *x* 轴的具体含义。

14. plt.ylabel(s) 函数

（1）具体内容：该函数的作用是设置 *y* 轴的标签。

（2）详细说明：参数 s 用于设置 *y* 轴标签的文本内容，用于描述 *y* 轴的具体含义。

15. plt.title(s) 函数

（1）具体内容：该函数的作用是设置图形的标题。

（2）详细说明：参数 s 用于设置标题的内容。通常放置在图形的顶部。

16. plt.text(x, y, s, fontsize, withdash=False) 函数

（1）具体内容：该函数的作用是在图形上为坐标添加注释。

（2）详细说明：x和y设置注释的位置，s是注释的文本内容，fontsize可用于控制字体大小，withdash设置是否使用虚线指示注释。

16.3 实验内容

16.3.1 基础实验

实验16-1：绘制病人的体温变化折线图

【实验要求】

（1）绘制一条表示病人一天内体温变化的折线图。

（2）图形大小为8英寸宽，6英寸高。

（3）设置*x*轴标签为“时间”、*y*轴标签为“体温（℃）”。

（4）设置图例，标题为“体温变化”。

（5）显示图形。

【实现思路】

（1）使用plt.plot()绘制折线图，提供体温数据和时间。

（2）通过plt.xlabel()和plt.ylabel()设置坐标轴标签。

（3）使用plt.title()添加标题。

（4）使用plt.legend()显示图例，最后通过plt.show()展示图形。

【实验步骤】

运行IDLE软件。在D盘下新建一个文件夹，命名为“EXEC16_Part2”。在“D:\EXEC16_Part2”文件夹下，新建一个Python脚本文件，并将其命名为“EXEC16_jichu01_temperature_variation.py”。编写代码，绘制体温变化折线图。

【参考程序】

```
#EXEC16_jichu01_temperature_variation.py
import matplotlib as mpl
import matplotlib.pyplot as plt
#设置图中的中文字体为黑体
```

```
mpl.rcParams["font.sans-serif"]=["SimHei"]

#输入部分
time = ["8AM", "10AM", "12PM", "2PM", "4PM", "6PM", "8PM"]
temperature = [36.3, 36.5, 36.6, 36.8, 36.8, 36.9, 36.7]

#处理部分和输出部分
#创建全局绘图区域
plt.figure(figsize=(8, 6))

#绘制折线图
plt.plot(time, temperature, label="体温", color="red", linewidth=2)

#设置标签和标题
plt.xlabel("时间")
plt.ylabel("体温（℃）")
plt.title("体温变化")
plt.legend()

#显示图形
plt.show()
```

【运行结果】

运行结果如图16-1所示。

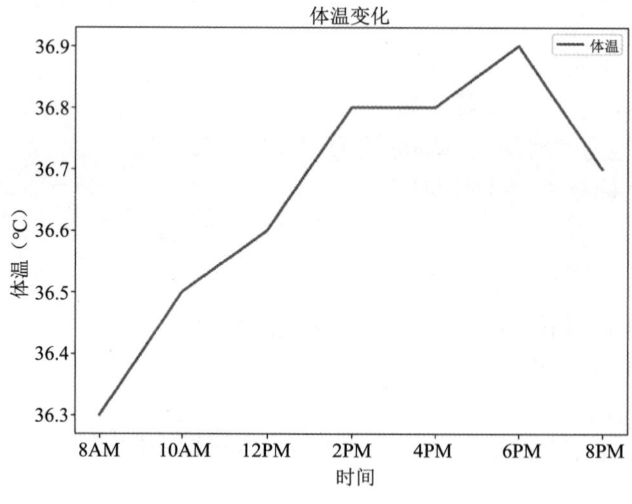

图 16-1　体温变化折线图

【实验解析】

（1）matplotlib库是一个第三方库，因此程序编写者在使用之前，需要在操作系统的cmd.exe中进行安装。可以使用“pip install matplotlib”命令进行安装。

（2）引入matplotlib库。matplotlib.pyplot是matplotlib库中的一个模块，专门用于生成图形。通过import matplotlib.pyplot as plt引入matplotlib.pyplot模块，并将其别名设为plt，以方便后续的程序调用。

（3）数据部分。

① 已定义了两个列表time和temperature，分别表示一天内不同时间点（x轴）和病人对应的体温数据（y轴）。

② time记录了7个时间点，temperature列表对应记录了这7个时间点的体温（单位为摄氏度）。

（4）创建全局绘图区域。

① plt.figure(figsize=(8, 6))创建了一个宽8英寸、高6英寸的全局绘图区域。

② 这一步是为了确定图形的整体布局、尺寸和分辨率。

（5）绘制折线图。

① plt.plot(time, temperature, label="体温", color="red", linewidth=2)绘制了体温变化折线图。time和temperature分别作为 x 轴和 y 轴的数据。label="体温"用于定义图例标签，color="red"将线条颜色设置为红色，linewidth=2设置线条的宽度。

② 折线图显示了病人在不同时间点的体温变化趋势。

（6）添加标签和标题。

① plt.xlabel("时间")设置了 x 轴的标签为“时间”。

② plt.ylabel("体温（℃）")设置了 y 轴的标签为“体温（℃）”。

③ plt.title("体温变化")设置了图形的标题为“体温变化”。

④ plt.legend()显示了图例，图例位置默认在图形的右上角。

（7）显示图形。plt.show()用于展示最终绘制的图形。

实验16-2：绘制一个显示不同科室医生数量的竖向条形图

【实验要求】

（1）绘制一个显示不同科室医生数量的竖向条形图。

（2）设置 x 轴标签为“科室”，y 轴标签为“医生数量”。

（3）添加图例，标题为“医院科室医生分布”。

（4）显示图形。

【实现思路】

（1）使用plt.bar()函数绘制竖向条形图。

（2）设置坐标轴标签，并使用plt.title()添加标题。

（3）添加图例并显示图形。

【实验步骤】

运行IDLE软件。在“D:\EXEC16_Part2”文件夹下，新建一个Python脚本文件，并将其命名为“EXEC16_jichu02_doctor_distribution.py”。编写代码，绘制医生数量条形图。

【参考程序】

```
#EXEC16_jichu02_doctor_distribution.py
import matplotlib as mpl
import matplotlib.pyplot as plt
import random
mpl.rcParams["font.sans-serif"]=["SimHei"]
```

```
#输入部分
departments = ["内科", "外科", "儿科", "妇产科", "皮肤科"]
doctors=[]
for i in range(5):
    data=random.randint(30,100)
    doctors.append(data)

#处理部分和输出部分
#创建全局绘图区域
plt.figure(figsize=(8, 6))

#绘制条形图
plt.bar(departments, doctors, color='blue', label="医生数量")

#设置标签和标题
plt.xlabel("科室")
plt.ylabel("医生数量")
plt.title("医院科室医生分布")
plt.legend()

#显示图形
plt.show()
```

【运行结果】

运行结果如图16-2所示。

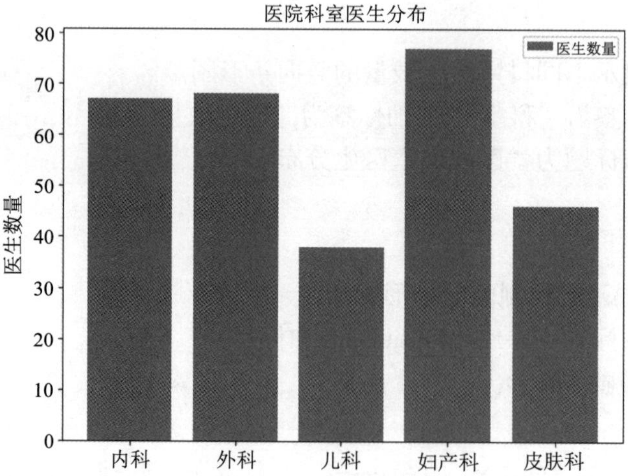

图 16-2　医生数量条形图

【实验解析】

（1）引入matplotlib库。

① 通过import matplotlib.pyplot as plt引入matplotlib库，并将其别名设为plt，以简化后续的调用。

② matplotlib是Python最常用的绘图库之一，可以生成各种2D图形。

（2）数据部分。

① departments列表记录了五个科室的名称，doctors列表记录了每个科室对应的医生数量。

② 这些数据将用于生成条形图，其中 x 轴显示科室名称，y 轴显示医生数量。

（3）创建全局绘图区域。

① plt.figure(figsize=(8, 6))创建了一个宽8英寸、高6英寸的绘图区域。

② 该区域将容纳竖向条形图，尺寸根据显示器或报告要求设定。

（4）绘制条形图。

① plt.bar(departments, doctors, color='blue', label="医生数量")绘制了竖向条形图。departments和doctors分别作为 x 轴和 y 轴的数据。color='blue'设置条形的颜色为蓝色，label="医生数量"定义了图例标签。

② 每个条形的高度代表相应科室的医生数量。

（5）添加标签和标题。

① plt.xlabel("科室")设置了 x 轴的标签为“科室”。

② plt.ylabel("医生数量")设置了 y 轴的标签为“医生数量”。

③ plt.title("医院科室医生分布")设置了图形的标题为“医院科室医生分布”。

（6）显示图例。plt.legend()显示图例，用于解释条形图的含义（即蓝色条形代表医生数量）。

（7）显示图形。plt.show()用于显示绘制完成的条形图。

实验16-3：绘制医院门诊各类疾病比例饼图

【实验要求】

（1）绘制显示不同疾病类型比例的饼图。

（2）使用plt.pie()函数绘制饼图，显示不同疾病的占比。

（3）添加标题“门诊疾病比例”。

（4）显示图形。

【实现思路】

（1）使用plt.pie()函数绘制饼图，提供数据和标签。

（2）添加图形标题，使用plt.show()显示图形。

【实验步骤】

运行IDLE软件。在“D:\EXEC16_Part2”文件夹下，新建一个Python脚本文件，并将其命名为“EXEC16_jichu03_disease_proportion.py”。编写代码，绘制饼图。

【参考程序】

```
#EXEC16_jichu03_disease_proportion.py
import matplotlib as mpl
import matplotlib.pyplot as plt
mpl.rcParams["font.sans-serif"]=["SimHei"]

#输入部分
#数据
```

```
diseases = ["感冒", "高血压", "糖尿病", "肝病", "癌症"]
proportions = [31, 21, 23, 15, 10]

#处理部分和输出部分
#创建全局绘图区域
plt.figure(figsize=(8, 6))

#绘制饼图
plt.pie(proportions, labels=diseases, autopct='%1.1f%%', explode=[0.1, 0, 0, 0, 0])

#设置标题
plt.title("门诊疾病比例")

#显示图形
plt.show()
```

【运行结果】

运行结果如图16-3所示。

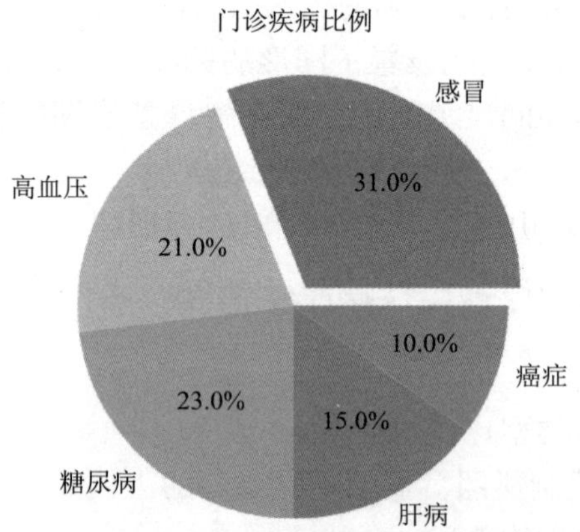

图 16-3　门诊疾病比例饼图

【实验解析】

（1）引入matplotlib库。

（2）数据部分。

① diseases列表记录了五种常见疾病，proportions列表记录了每种疾病的比例（百分比）。

② 这些数据将用于绘制饼图，展示不同疾病的占比。

（3）创建全局绘图区域。plt.figure(figsize=(8, 6))创建了一个宽8英寸、高6英寸的绘图区域。

（4）绘制饼图。

① plt.pie(proportions, labels=diseases, autopct='%1.1f%%', explode=[0.1, 0, 0, 0, 0])用于绘制饼图。proportions 提供了各疾病的比例，labels=diseases用于在每个饼块上显示疾病名称。autopct='%1.1f%%'用于显示百分比标签，explode=[0.1, 0, 0, 0, 0]用于突出显示“感冒”部分。

② 每个饼块大小与疾病占比成正比。

（5）添加标题。plt.title("门诊疾病比例")设置了图形的标题为“门诊疾病比例”。

（6）显示图形。plt.show()用于显示最终的饼图。

实验16-4：绘制病人身高数据直方图

【实验要求】

（1）使用plt.hist()绘制病人身高数据的直方图。

（2）设置 *x* 轴标签为“身高(cm)”，*y*轴标签为“人数”。

（3）添加标题“病人身高分布”。

（4）显示图形。

【实现思路】

（1）使用plt.hist()绘制直方图，提供病人的身高数据。

（2）设置坐标轴标签和标题，并通过plt.show()显示图形。

【实验步骤】

运行IDLE软件。在“D:\EXEC16_Part2”文件夹下，新建一个Python脚本文件，并将其命名为“EXEC16_jichu04_height_distribution.py”。编写代码，绘制直方图。

【参考程序】

```
#EXEC16_jichu04_height_distribution.py
import matplotlib as mpl
import matplotlib.pyplot as plt
import random
mpl.rcParams["font.sans-serif"]=["SimHei"]

#输入部分
#数据
heights=[]
for i in range(50):
    data=random.randint(160,185)
    heights.append(data)

#处理部分和输出部分
#创建全局绘图区域
plt.figure(figsize=(8, 6))

#绘制直方图
plt.hist(heights, bins=5, color='green')

#设置标签和标题
plt.xlabel("身高 (cm)")
plt.ylabel("人数")
plt.title("病人身高分布")

#显示图形
plt.show()
```

【运行结果】

运行结果如图16-4所示。

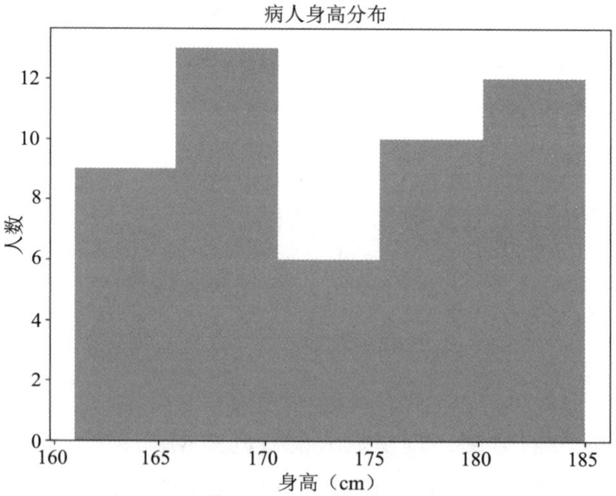

图 16-4　身高直方图

【实验解析】

（1）引入matplotlib库。

① 通过import matplotlib.pyplot as plt引入matplotlib库，并将其别名设为plt。

② plt.hist()是matplotlib提供的函数，用于绘制直方图。

（2）数据部分。

① heights列表记录了50名病人的身高数据，单位是厘米（cm）。

② 这些数据将用于绘制直方图，展示病人身高的分布情况。

（3）创建全局绘图区域。plt.figure(figsize=(8, 6))创建了一个宽8英寸、高6英寸的绘图区域。

（4）绘制直方图。

① plt.hist(heights, bins=5, color='green')绘制了直方图。heights是病人身高数据，bins=5将数据分为5组，color='green'设置直方图的颜色为绿色。

② 直方图显示了不同身高区间的病人数分布情况。

（5）添加标签和标题。

① plt.xlabel("身高(cm)")设置了 x 轴的标签为"身高(cm)"。

② plt.ylabel("人数")设置了 y 轴的标签为"人数"。

③ plt.title("病人身高分布")设置了图形的标题为"病人身高分布"。

（6）显示图形。plt.show()用于显示绘制的直方图。

16.3.2　补全程序练习

实验16-5：绘制病人血糖水平变化图

【实验要求】

（1）绘制病人一天内血糖水平变化的折线图。

（2）x 轴显示时间，y 轴显示血糖水平。

（3）设置 x 轴和 y 轴的标签，添加图例和标题。

（4）血糖水平数据为[6.5, 6.2, 5.1, 5.8, 6.4, 6.2]，时间点为["8AM", "10AM", "12PM", "2PM", "4PM", "6PM"]。

【实验步骤】

打开“D:\EXEC16_Part1\EXEC16_buquan01_blood_pressure.py”文件。分析程序，并按本实验功能要求补全两行星号之间的程序。将补全后的程序另存在“D:\EXEC16_Part2”文件夹下，并将文件名命名为“EXEC16_buquan01_blood_pressure_hist_daan.py”。

【参考程序】

```
#EXEC16_buquan01_blood_pressure.py
import matplotlib as mpl
import matplotlib.pyplot as plt
mpl.rcParams["font.sans-serif"]=["SimHei"]

#输入部分
#数据
time = ["8AM", "10AM", "12PM", "2PM", "4PM", "6PM"]
blood_sugar = [6.5, 6.2, 5.1, 5.8, 6.4, 6.2]

#处理部分和输出部分
#创建全局绘图区域
plt.figure(figsize=(8, 6))

#**************
#补全代码以绘制折线图
#**************

#设置标签和标题
plt.xlabel("时间")
plt.ylabel("血糖水平 (mmol/L)")
plt.title("一天内的血糖变化")

#**************
#补全代码以显示图例和图形
#**************
```

【实现思路】

（1）使用plt.plot()绘制折线图，x 轴为time，y 轴为blood_sugar，并设置线条的颜色和标签。

（2）通过plt.legend()显示图例，最后使用plt.show()显示图形。

【参考答案】

```
#EXEC16_buquan01_blood_pressure_daan.py
import matplotlib as mpl
import matplotlib.pyplot as plt
mpl.rcParams["font.sans-serif"]=["SimHei"]

#输入部分
```

```
#数据
time = ["8AM", "10AM", "12PM", "2PM", "4PM", "6PM"]
blood_sugar = [6.5, 6.2, 5.1, 5.8, 6.4, 6.2]

#处理部分和输出部分
#创建全局绘图区域
plt.figure(figsize=(8, 6))

#**************
#绘制折线图
plt.plot(time, blood_sugar, label="血糖水平", color="blue", linewidth=2)
#**************

#设置标签和标题
plt.xlabel("时间")
plt.ylabel("血糖水平 (mmol/L)")
plt.title("一天内的血糖变化")

#**************
#显示图例
plt.legend()
#显示图形
plt.show()
#**************
```

【运行结果】

运行程序后，生成一张展示病人一天内血糖水平变化的折线图，x 轴为时间，y 轴为血糖水平，图表中显示蓝色折线。结果如图16-5所示。

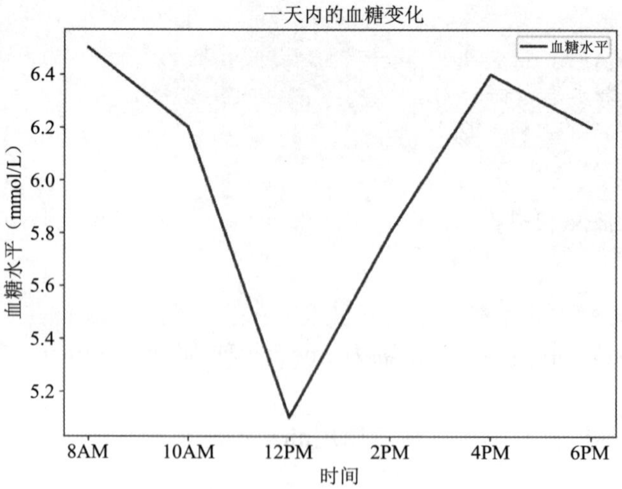

图 16-5　血糖水平变化的折线图

【实验解析】

（1）数据部分。

① 定义了两个列表time和blood_sugar，其中time记录了病人在一天中6个时间点（x 轴）的数据，blood_sugar则记录了对应的血糖水平（y 轴）。

② 血糖水平范围为5.1～6.5 mmol/L。

（2）创建全局绘图区域。

① plt.figure(figsize=(8, 6))创建了一个宽8英寸、高6英寸的绘图区域。

② 通过设置合适的尺寸，确保图形在展示时不会过于拥挤。

（3）绘制折线图。plt.plot(time, blood_sugar, label="血糖水平", color="blue", linewidth=2)绘制折线图。time和blood_sugar分别作为x轴和y轴数据。label参数设置图例标签为“血糖水平”；color设置折线为蓝色，linewidth=2表示线条的宽度为2。

（4）添加图例和标题。

① plt.title("一天内的血糖变化")设置图形的标题。

② plt.legend()用于显示图例，帮助解释折线代表的含义。

实验16-6：补全饼图代码，绘制疾病发病率比例

【实验要求】

（1）绘制不同疾病发病率的饼图。

（2）设定疾病名称为["心脏病", "糖尿病", "癌症", "高血压"]，发病率为[20, 38, 10, 32]。

（3）利用饼图显示各类疾病的比例，添加标题“主要疾病发病率”。

【实验步骤】

打开“D:\EXEC16_Part1\EXEC16_buquan02_disease_pie.py”文件。分析程序，并按本实验功能要求补全两行星号之间的程序。将补全后的程序另存在“D:\EXEC16_Part2”文件夹下，并将文件名命名为“EXEC16_buquan02_disease_pie_daan.py”。

【参考程序】

```
#EXEC16_buquan02_disease_pie.py
import matplotlib as mpl
import matplotlib.pyplot as plt
mpl.rcParams["font.sans-serif"]=["SimHei"]

#输入部分
#数据
diseases = ["心脏病", "糖尿病", "癌症", "高血压"]
rate = [20, 38, 10, 32]

#处理部分和输出部分
#创建全局绘图区域
plt.figure(figsize=(8, 6))

#**************
#补全代码以绘制饼图
#**************

#设置标题
plt.title("主要疾病发病率")

#**************
#补全代码以显示图形
#**************
```

【实现思路】

（1）使用plt.pie()绘制饼图，rate作为每块的比例，diseases作为标签。

（2）使用autopct参数显示百分比，并通过explode参数突出某一部分。

（3）使用plt.show()显示饼图。

【参考答案】

```
#EXEC16_buquan02_disease_pie_daan.py
import matplotlib as mpl
import matplotlib.pyplot as plt
mpl.rcParams["font.sans-serif"]=["SimHei"]

#输入部分
#数据
diseases = ["心脏病", "糖尿病", "癌症", "高血压"]
rate = [20, 38, 10, 32]

#处理部分和输出部分
#创建全局绘图区域
plt.figure(figsize=(8, 6))

#**************
#绘制饼图
plt.pie(rate, labels=diseases, autopct='%1.1f%%', explode=[0, 0.1, 0, 0])
#**************

#设置标题
plt.title("主要疾病发病率")

#**************
#显示图形
plt.show()
#**************
```

【运行结果】

运行程序后，生成一张展示不同疾病发病率的饼图，突出显示心脏病的比例，显示百分比标签。运行结果如图16-6所示。

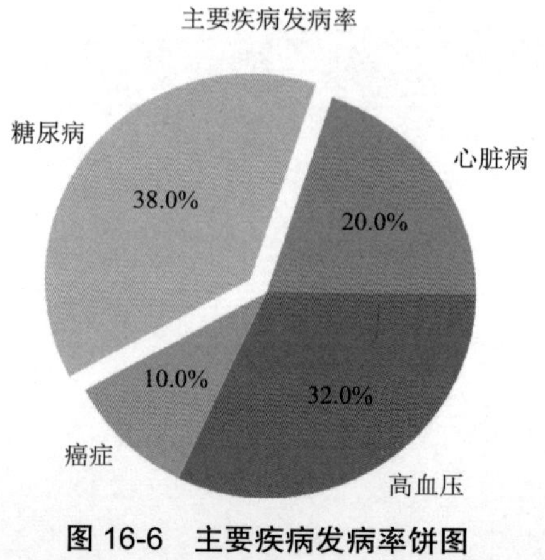

图 16-6　主要疾病发病率饼图

【实验解析】

（1）数据部分。

① diseases列表记录了四种常见疾病的名称，rate列表记录了各疾病的发病率百分比。

② 这些数据将用于绘制饼图，其中每个扇形块的大小对应疾病的发病比例。

（2）创建全局绘图区域。plt.figure(figsize=(8, 6))创建了一个宽8英寸、高6英寸的绘图区域。

（3）绘制饼图。plt.pie(rate, labels=diseases, autopct='%1.1f%%', explode= [0, 0.1, 0, 0])用于绘制饼图。rate提供了每个疾病的比例数据，labels参数显示每块饼图的标签。Autopct='%1.1f%%'用于在饼图上显示百分比。explode参数突出显示“糖尿病”部分（比例为38%），通过使其稍微向外移出。

实验16-7：病人心率和血压的多个子图

【实验要求】

（1）绘制两个子图，分别显示病人的心率和血压变化。

（2）第一个子图是心率变化的折线图，第二个子图是血压变化的散点图。

（3）为每个子图分别添加标题、图例、x轴和y轴标签。

（4）随机生成心率数据和血压数据。

（5）时间点为["8AM", "10AM", "12PM", "2PM", "4PM", "6PM"]。

【实验步骤】

打开“D:\EXEC16_Part1\EXEC16_buquan03_heart_rate_blood_pressure.py”文件。分析程序，并按本实验功能要求补全两行星号之间的程序。将补全后的程序另存在“D:\EXEC16_Part2”文件夹下，并将文件名命名为“EXEC16_buquan03_heart_rate_blood_pressure_daan.py”。

【参考程序】

```
#EXEC16_buquan03_heart_rate_blood_pressure.py
import matplotlib as mpl
import matplotlib.pyplot as plt
import random
mpl.rcParams["font.sans-serif"]=["SimHei"]

#输入部分
#数据
time = ["8AM", "10AM", "12PM", "2PM", "4PM", "6PM"]
heart_rate=[]
blood_pressure=[]
for i in range(6):
    hr=random.randint(65,80)
    heart_rate.append(hr)
    s=random.randint(110,130)
    d=random.randint(75,85)
    blood_pressure.append(tuple(s,d))
systolic = [bp[0] for bp in blood_pressure]                #收缩压
diastolic = [bp[1] for bp in blood_pressure]               #舒张压
```

```
#处理部分和输出部分
#创建全局绘图区域
plt.figure(figsize=(10, 8))

#子图1：心率折线图
plt.subplot(2, 1, 1)
#**************
#补全代码以绘制心率折线图
#**************

#子图2：血压散点图
plt.subplot(2, 1, 2)
#**************
#补全代码以绘制血压散点图
#**************

#显示所有子图
plt.tight_layout()
plt.show()
```

【实现思路】

（1）使用plt.subplot()创建两个子图，第一个子图为折线图，第二个为散点图。

（2）在心率子图中，使用plt.plot()绘制折线图，设置图例、*x*轴和*y*轴标签。

（3）在血压子图中，使用plt.scatter()绘制散点图，分别绘制收缩压和舒张压，添加图例和轴标签。

（4）使用plt.tight_layout()自动调整子图布局，避免重叠，最后用plt.show()显示图形。

【参考答案】

```
# EXEC16_buquan03_heart_rate_blood_pressure_daan.py
import matplotlib as mpl
import matplotlib.pyplot as plt
import random
mpl.rcParams["font.sans-serif"]=["SimHei"]


#输入部分
#数据
time = ["8AM", "10AM", "12PM", "2PM", "4PM", "6PM"]
heart_rate=[]
blood_pressure=[]
for i in range(6):
    hr=random.randint(65,80)
    heart_rate.append(hr)
    s=random.randint(110,130)
    d=random.randint(75,85)
    blood_pressure.append(tuple(s,d))
systolic = [bp[0] for bp in blood_pressure]                #收缩压
diastolic = [bp[1] for bp in blood_pressure]               #舒张压

#处理部分和输出部分
#创建全局绘图区域
plt.figure(figsize=(10, 8))
```

```
#子图1：心率折线图
plt.subplot(2, 1, 1)
#**************
plt.plot(time, heart_rate, label="心率", color="blue", linewidth=2)
plt.xlabel("时间")
plt.ylabel("心率 (次/分钟)")
plt.title("一天内的心率变化")
plt.legend(loc="upper right")
#**************

#子图2：血压散点图
plt.subplot(2, 1, 2)
#**************
plt.scatter(time, systolic, label="收缩压", color="red", marker="o")
plt.scatter(time, diastolic, label="舒张压", color="green", marker="x")
plt.xlabel("时间")
plt.ylabel("血压 (mmHg)")
plt.title("一天内的血压变化")
plt.legend(loc="upper left")
#**************

#显示所有子图
plt.tight_layout()
plt.show()
```

【运行结果】

运行结果如图16-7所示。

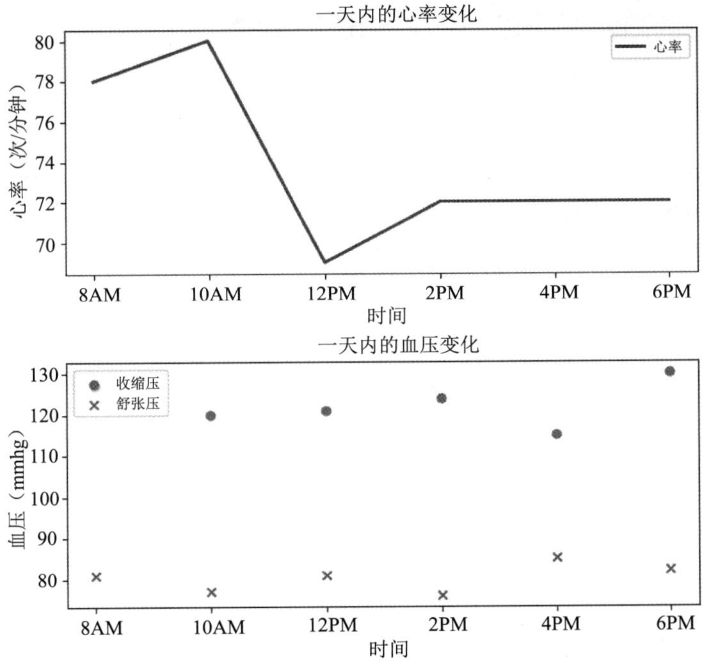

图 16-7　病人心率和血压的多个子图

【实验解析】

（1）数据部分。

① time列表记录了6个时间点，heart_rate列表记录了病人的心率，blood_pressure列表记录了病人的收缩压和舒张压。

② 分别提取了收缩压（systolic）和舒张压（diastolic），用于绘制血压的散点图。

（2）创建全局绘图区域。plt.figure(figsize=(10, 8))创建一个宽10英寸、高8英寸的绘图区域，以容纳两个子图。

（3）子图1：绘制心率折线图。

① plt.subplot(2, 1, 1)创建了第一个子图。

② plt.plot(time, heart_rate, label="心率", color="blue", linewidth=2)绘制折线图，展示心率随时间的变化。xlabel和ylabel分别设置了x轴和y轴的标签。plt.legend()用于显示图例，帮助解释折线的含义。

（4）子图2：绘制血压散点图。

① plt.subplot(2, 1, 2)创建了第二个子图。

② plt.scatter(time, systolic, label="收缩压", color="red", marker="o") 和plt.scatter(time, diastolic, label="舒张压", color="green", marker="x")绘制收缩压和舒张压的散点图。分别绘制红色和绿色的散点，显示收缩压和舒张压的变化。

③ plt.legend()显示图例，帮助解释散点图的意义。

（5）调整子图布局和显示。

① plt.tight_layout()自动调整子图布局，防止子图重叠。

② plt.show()最终显示所有图形。

实验16-8：绘制竖向条形图和横向条形图组合

【实验要求】

（1）绘制竖向条形图和横向条形图，展示药品A和药品B的月销售额。

（2）使用plt.bar()绘制药品A的竖向条形图，使用plt.barh()绘制药品B的横向条形图。

（3）设置 x 轴和 y 轴的标签，添加图例和标题。

（4）随机生成药品A和药品B的销售额。

（5）月份为["一月", "二月", "三月"]。

【实验步骤】

打开“D:\EXEC16_Part1\EXEC16_buquan04_sales_bar_chart.py”文件。分析程序，并按本实验功能要求补全两行星号之间的程序。将补全后的程序另存在“D:\EXEC16_Part2”文件夹下，并将文件命名为“EXEC16_buquan04_sales_bar_chart_daan.py”。

【参考程序】

```
# EXEC16_buquan04_sales_bar_chart.py
import matplotlib as mpl
import matplotlib.pyplot as plt
import random
mpl.rcParams["font.sans-serif"]=["SimHei"]
```

```
#输入部分
#数据
months = ["一月", "二月", "三月"]
sales_a = []
sales_b = []
for i in range(3):
    a=random.randint(100,300)
    sales_a.append(a)
    b=random.randint(100,300)
    sales_b.append(b)

#处理部分和输出部分
#创建全局绘图区域
plt.figure(figsize=(10, 8))

#子图 1: 药品A 的竖向条形图
plt.subplot(2, 1, 1)
#**************
#补全代码以绘制 药品A 的竖向条形图
#**************

#子图 2: 药品B 的横向条形图
plt.subplot(2, 1, 2)
#**************
#补全代码以绘制 药品B 的横向条形图
#**************

#显示所有子图
plt.tight_layout()
plt.show()
```

【实现思路】

（1）使用plt.subplot()创建两个子图，第一个绘制药品A的竖向条形图，第二个绘制药品B的横向条形图。

（2）使用plt.bar()绘制竖向条形图，plt.barh()绘制横向条形图。为每个子图添加图例、*x*轴和*y*轴标签。

（3）设置条形颜色、图例位置，并通过plt.tight_layout()调整子图布局。

【参考答案】

```
# EXEC16_buquan04_sales_bar_chart_daan.py
import matplotlib as mpl
import matplotlib.pyplot as plt
import random
mpl.rcParams["font.sans-serif"]=["SimHei"]

#输入部分
#数据
months = ["一月", "二月", "三月"]
sales_a = []
sales_b = []
```

```
for i in range(3):
    a=random.randint(100,300)
    sales_a.append(a)
    b=random.randint(100,300)
    sales_b.append(b)

#处理部分和输出部分
#创建全局绘图区域
plt.figure(figsize=(10, 8))

#子图 1:药品A的竖向条形图
plt.subplot(2, 1, 1)
#**************
plt.bar(months, sales_a, color='blue', label="药品A 销售额")
plt.xlabel("月份")
plt.ylabel("销售额 (万元)")
plt.title("药品A 月销售额")
plt.legend(loc="upper left")
#**************

#子图 2:药品B的横向条形图
plt.subplot(2, 1, 2)
#**************
plt.barh(months, sales_b, color='green', label="药品B 销售额")
plt.xlabel("销售额 (万元)")
plt.ylabel("月份")
plt.title("药品B 月销售额")
plt.legend(loc="lower right")
#**************

#显示所有子图
plt.tight_layout()
plt.show()
```

【运行结果】

运行结果如图16-8所示。

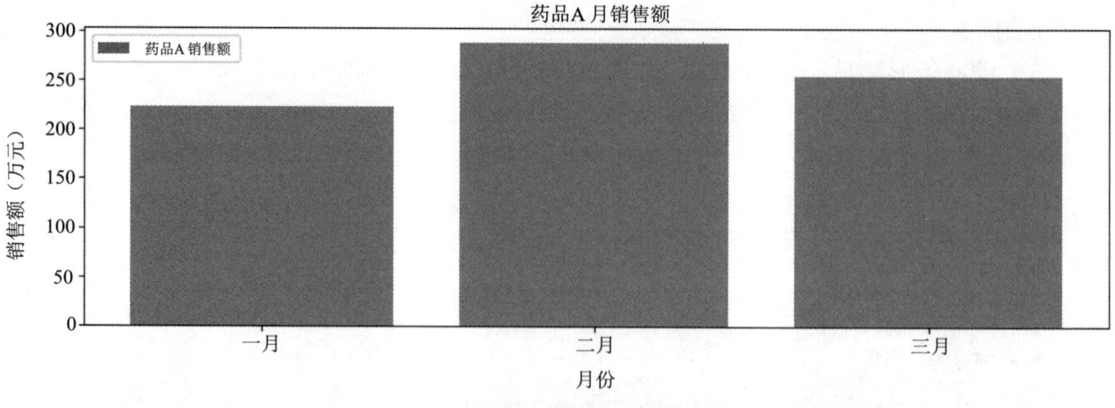

图 16-8　竖向条形图和横向条形图组合

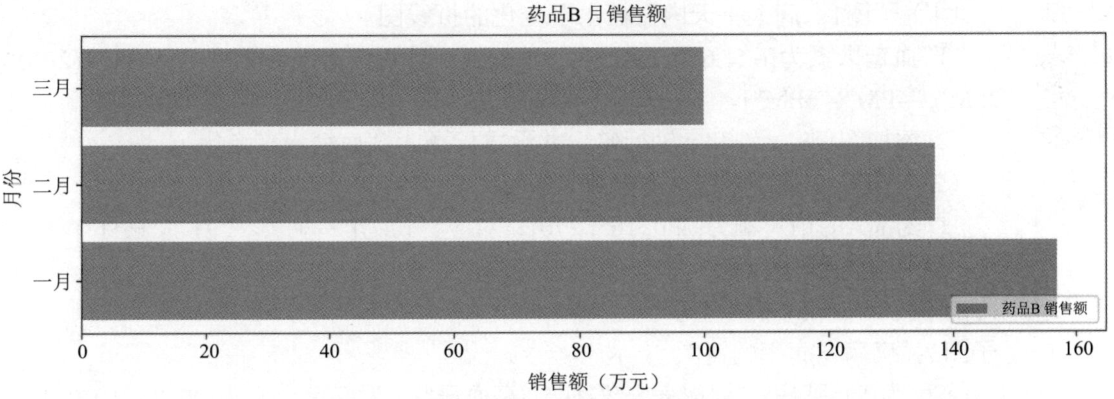

图 16-8　竖向条形图和横向条形图组合（续）

【实验解析】

（1）数据部分。

① months列表记录了3个月份，sales_a和sales_b分别记录了药品A和药品B三个月的销售额。

② 这些数据将用于绘制两类条形图，一个是竖向条形图，另一个是横向条形图。

（2）创建全局绘图区域。plt.figure(figsize=(10, 8))创建一个宽10英寸、高8英寸的绘图区域，以容纳两个子图。

（3）子图1：绘制药品A的竖向条形图。

① plt.subplot(2, 1, 1)创建了第一个子图，绘制药品A的销售额竖向条形图。

② plt.bar(months, sales_a, color="blue", label="药品A销售额")用于绘制条形图。

③ xlabel和ylabel设置了 x 轴和 y 轴的标签。

④ plt.legend()显示图例，帮助解释条形图的含义。

（4）子图2：绘制药品B的横向条形图。

① plt.subplot(2, 1, 2)创建了第二个子图，绘制药品B的销售额横向条形图。

② plt.barh(months, sales_b, color="green", label="药品B销售额")用于绘制横向条形图。

③ xlabel和ylabel设置了 x 轴和 y 轴的标签。

④ plt.legend()显示图例，帮助解释条形图的含义。

（5）调整子图布局和显示。

① plt.tight_layout()自动调整子图布局，防止子图重叠。

② plt.show()最终显示所有图形。

16.3.3 能力拓展

实验16-9：综合绘制病人健康数据的可视化图表

【实验要求】

结合之前实验中学习到的折线图、条形图、横向条形图和饼图，创建一个包含四个子图的综合图表，图表需要展示以下数据：

扫一扫

实验16-9
参考答案等

（1）子图1：病人一天内血糖水平变化的折线图。

① 血糖数据为[6.5, 6.2, 5.1, 5.8, 6.4, 6.2]，时间点为["8AM", "10AM", "12PM", "2PM", "4PM", "6PM"]。

② 添加图例、*x* 轴和 *y* 轴标签，并设置标题为“血糖水平变化”。

（2）子图2：展示药品A销售额的条形图。

① 药品A的销售额为[230, 165, 270]，对应月份为["一月", "二月", "三月"]。

② 药品A为竖向条形图。

③ 添加图例、*x* 轴和 *y* 轴标签。

（3）子图3：疾病发病率的饼图。

① 疾病名称为["心脏病", "糖尿病", "癌症", "高血压"]，发病率分别为[20, 38, 10, 32]。

② 突出显示糖尿病部分，并设置标题“疾病发病率”。

（4）子图4：病人心率变化的折线图和血压变化的散点图。

① 心率数据为[72, 75, 82, 78, 75, 71]，血压数据为[(125, 80), (135, 85), (130, 81), (128, 80), (132, 83), (130, 81)]，时间点为["8AM", "10AM", "12PM", "2PM", "4PM", "6PM"]。

② 使用折线图展示心率变化，使用散点图展示收缩压和舒张压变化。

③ 添加图例、*x* 轴和 *y* 轴标签，并设置标题为“心率与血压变化”。

【实验步骤】

运行IDLE软件。在D盘下的“EXEC16_Part2”文件夹中，新建一个Python脚本文件，并命名为“EXEC16_tuozhan01_comprehensive_health_visualization.py”。编写代码，使用plt.subplot()创建四个子图，并根据每个数据集绘制折线图、柱形图、饼图和散点图。

参考文献

[1] 嵩天，礼欣，黄天羽. Python语言程序设计基础[M]. 2版. 北京：高等教育出版社，2017.

[2] 嵩天，黄天羽，杨雅婷. Python语言程序设计基础[M]. 3版. 北京：高等教育出版社，2024.

[3] 杨长兴，郭东敏. 医学计算机应用基础[M]. 3版. 北京：中国铁道出版社有限公司，2022.

[4] 杨长兴，奎晓燕. 医学计算机应用基础实践教程[M]. 3版. 北京：中国铁道出版社有限公司，2022.

[5] 梁勇. Python语言程序设计[M]. 李娜，译. 北京：机械工业出版社，2015.

[6] 李晓松. 卫生统计学[M]. 8版. 北京：人民卫生出版社，2017.